Josef Stauffer – Notizen aus meinem Leben

Marie-Theres Arnbom (Hrsg.)

Josef Stauffer – Notizen aus meinem Leben

Erlebte Leiden und Freuden

Mit Beiträgen von Johanna Ecker und Georg Gaugusch
und einem Geleitwort von Helmut Friedrichsmeier

PETER LANG
Frankfurt am Main · Berlin · Bern · Bruxelles · New York · Oxford · Wien

Bibliografische Information der Deutschen Nationalbibliothek
Die Deutsche Nationalbibliothek verzeichnet diese Publikation
in der Deutschen Nationalbibliografie; detaillierte bibliografische
Daten sind im Internet über <http://www.d-nb.de> abrufbar.

Gedruckt mit Unterstützung des Bundesministeriums
für Wissenschaft und Forschung in Wien
und der Wissenschafts- und Forschungsförderung
der Stadt Wien, MA 7.

ISBN 978-3-631-56531-5
© Peter Lang GmbH
Internationaler Verlag der Wissenschaften
Frankfurt am Main 2008
Alle Rechte vorbehalten.

Das Werk einschließlich aller seiner Teile ist urheberrechtlich
geschützt. Jede Verwertung außerhalb der engen Grenzen des
Urheberrechtsgesetzes ist ohne Zustimmung des Verlages
unzulässig und strafbar. Das gilt insbesondere für
Vervielfältigungen, Übersetzungen, Mikroverfilmungen und die
Einspeicherung und Verarbeitung in elektronischen Systemen.

www.peterlang.de

Zum Geleit

Geleitworte oder Vorworte in Büchern haben es so an sich, dass der Autor, ein Freund des Autors oder aber auch ein Förderer eines Buches persönliche Gedanken, Motive, Widmungen und Danksagungen darin einbringen möchte, um dem Buch den Weg zum Leser zu eröffnen. In diesem besonderen Fall, wo ich weder der Autor noch der Bearbeiter des Buches bin, erhält der Begriff „persönlich" eine etwas andere Konnotation. Diese Konnotation beruht im konkreten Fall einerseits auf einer (allerdings sehr späten und zeitversetzten) verwandtschaftlichen Beziehung zum eigentlichen Verfasser des folgenden Textes, aber andererseits auch auf jenem Umstand, den man gemeinhin als „Dachbodenfund" bezeichnet.

Lassen Sie mich daher, geschätzte LeserInnen, zunächst mit ein paar Worten auf den Begriff des Dachbodenfundes in diesem speziellen Fall eingehen. Mit einem Dachbodenfund, so wie er landläufig verstanden wird, verbindet man das zufällig wieder Entdeckte, Vergessene, jahrelang dahin Modernde, aber letztlich Wertvolle; egal ob im Keller oder am Dachboden – Dachböden scheinen allenfalls die besseren Konservierungskonditionen zu bieten! So ähnlich verhält es sich auch mit den biographischen Aufzeichnungen bzw. Tagebuchnotizen, wie sie in diesem Buch nachzulesen sind. Es handelt sich bei diesem Text zwar um keinen Dachbodenfund im engeren Sinn des Wortes, denn dafür fehlt ihm sowohl das Merkmal des Vergessen-Seins wie auch das des Dachbodens, doch ist ihm das Merkmal des Wertvollen durchaus zuzubilligen – zumindest aus der Sicht des Geschichtswissenschafters oder des interessierten Hobby-Historikers.

Die Ausführungen, um die es hier geht, sind in der Tat nicht dem Vergessen anheim gefallen, sondern wurden im Gegenteil von einer Verwandten, einer Ur-Enkelin des Josef Stauffer, vor etlichen Jahren in mühevoller Arbeit von einem in Kurrent verfassten Manuskript abgetippt. Dieser Dame, eine Tante meiner Frau namens Elfriede Hönigschmid, soll an dieser Stelle ein dankbares Gedenken gewidmet sein, denn ohne ihre Mühe wäre dieses Buch wohl gar nicht denkbar.

Somit bin ich beim eigentlichen Kausalzusammenhang, der mich mit diesem Text verbindet, angelangt: Er ist ein Vermächtnis in oder aus der Familie, in die ich eingeheiratet habe – eine Familie, die – mit Blick auf die noch lebenden oder bereits verstorbenen Generationen – durch ein großes Maß an Kreativität, innovativer Aufgeschlossenheit und künstlerischer Ausdruckskraft zu charakterisieren ist. Es finden sich sowohl Erfinder wie auch Maler, Schriftsteller und auch (führende) Buchhändler des alten Wien in ihren Reihen[1]. Manchmal verwende

---

[1] Zu erwähnen wären hier beispielsweise einer der Söhne von Josef Stauffer, nämlich der Maler Viktor Stauffer (1852 – 1934), der zu seiner Zeit ein sehr bekannter Porträt-Maler war; er hat übrigens auch Kaiser Franz Joseph I. einmal porträtiert. Und zum anderen aus jüngerer

ich für diese Familie in ironisierender Weise auch die dem Schottischen entlehnte Bezeichnung „Clan", weil diese in besonders treffender Weise die Familie, in die ich vor Jahren eingeheiratet habe, zu charakterisieren vermag. Es bedurfte allerdings eines Angeheirateten, sozusagen eines „extraneus" (=von außen kommend), um einige dieser Schätze, die sich im Schoße der Familie fanden, zu heben[2]. Und so auch in diesem Fall. Man kennt solches ja zur Genüge aus TV-Soap Operas oder Telenovelas – und angeblich auch aus der Realität: Die Angeheirateten sind entweder besonders intrigante Störenfriede, die die Eintracht der Großfamilie auf die Probe stellen, oder jene, die zumindest einen neuen Blickwinkel oder neue Perspektiven für Bestehendes einzubringen vermögen. Ich zähle mich, wie ich glaube, wohl zu Recht zur letztgenannten Kategorie. Soweit einige Anmerkungen zu den persönlichen Umständen, die diesem Buch voranzustellen sind.

Lassen Sie mich aber nun noch einige Gedanken bezüglich seines Inhalts zum Ausdruck bringen. Es ist, wie man immer wieder feststellen kann, höchst überraschend, wie weit bzw. wie direkt und unmittelbar die Geschichte in unser Leben herein greift – oder fast sollte man sagen: herauf greift. Das mag in gewisser Weise eine banale, weil ziemlich altbekannte Feststellung sein, aber denken wir nur an die „oral testimonials" von (Ur-)Großeltern oder betagten Großtanten, die einem erzähl(t)en, wie es zu Kaisers Zeiten war. Ich erinnere mich noch sehr gut daran, wie mir die älteste Schwester meiner Großmutter vor vielen Jahren noch mit dem Ausdruck echter Entrüstung erzählte, wie – es war offensichtlich knapp vor dem preußisch-französischen Krieg und der danach erfolgten Reichseinigung im Jahre 1871 – preußische Soldaten in der Nähe ihres elterlichen Gutshofes auf das Gebiet des damals noch selbständigen Fürstentums Lippe vorgedrungen seien. Aber, warum in die Ferne schweifen: In diesem Buch lässt, wenn auch nicht mehr in mündlich-unmittelbarer Wiedergabe, die Revolution von 1848 durch persönliches Erleben grüßen.

Die Bilder, Fotos oder Daguerreotypien der Ahnen hängen bei uns, so wie in vielen anderen Wohnzimmern vermutlich auch, an der Wand, und wir können gewissermaßen Zwiesprache mit den Vorfahren halten. Zumindest stellen sich Fragen, wie beispielsweise nach dem Muster „wer war das, wie ist der mit uns oder dir verwandt?" und so fort. Damit wird Geschichte zur persönlichen Bezie-

---

Zeit die Wiener Schriftstellerin Elisabeth Gürt (1911 – 1998), eine Tante meiner Frau, die etwa 60 Romane und Jugendbücher verfasst hat.
[2] a) Helmut Friedrichsmeier (Hsg.): Das versunkene Bosnien – Die photographische Reise des k.u.k. Oberleutnants Emil Balcarek durch Bosnien-Herzegowina 1907/08 (Styria-Verlag 1999) Zur Erklärung: Olt. Balcarek war der Großvater meiner Frau und begeisterter Fotograf.
b) Friedrichsmeier: Werkkatalog Alfred Balcarek zu dessen 80. Geburtstag (Eigenverlag) Zur Erklärung: Alfred Balcarek, akademischer Maler, war der Sohn des genannten Olt. und Vater meiner Frau.

hung und muss nicht durch Bücher transportiert oder interpretiert werden. Ich selbst betrachte die biographischen Erinnerungen, wie sie ein Urahn meiner Frau zu Papier gebracht hat, als eine „gelungene Mischung" aus interessanten Zeitzeugnissen von oft singulärer Bedeutung, kritischen Reflexionen des Beobachteten und „Seitenblicke-Gesellschaftstratsch". Diese Mixtur macht, wie ich meine, den besonderen Reiz der Stauffer'schen Erinnerungen aus. Nicht zuletzt ist es ja auch der Name der Sinas, einer mit den Rothschilds in der österreichisch-ungarischen Monarchie wetteifernden Familie um Platz 1 in der Hit-Liste der Reichsten im Lande, der diesem Buch noch retrospektiv – heute würden wir sagen – „glamour" verleiht. Josef Stauffer war nämlich nach modernen Maßstäben als (Privat-)Architekt und Bauleiter sowie fallweise auch als Verwalter für die Sina'sche Familie und ihre Güter tätig. Dass darüber hinaus einige, auch heute noch bekannte Künstler aus der „society" der Wiener Ringstraßenzeit mit ihren Befindlichkeiten in die Notizen von Stauffer Eingang fanden, verleiht dem Buch zusätzliche Attraktivität. Und wer würde, wenn er jetzt eine Ausstellung im prachtvollen Palazzo Grassi in Venedig besucht und dabei dessen Interieur bestaunt, daran denken, dass eben jene Restaurierungs- und Renovierungsmaßnahmen, die wir heute bewundern, von Josef Stauffer gegenüber Baron Sina, dem damaligen Eigentümer, als geradezu missglückt beklagt wurden...

Was lag also näher, als diese biographischen Erinnerungen einem breiteren Publikum zugänglich zu machen? In der Person von Frau Dr. Marie-Theres Arnbom habe ich, der ich selbst ja nur ein historisch interessierter Autodidakt bin, eine kompetente und engagierte Bearbeiterin dieses Textes gefunden, um diesen soweit zu bearbeiten, dass er für nicht nur für Historiker zu einer verlässlichen Quelle wird, sondern auch dem interessierten Leser den Zugang zur Lektüre des Buches durch die Beifügung entsprechender Hinweise (Namen, topographische Bezeichnungen) erleichtert.

Zum Ende dieses Vorwortes möchte ich noch in besonderer Weise Herrn Univ. Prof. Dr. Hubert-Christian Ehalt von der Magistratsabteilung 7 der Stadt Wien für seine Unterstützung bei diesem Publikationsprojekt danken. Dank gebührt auch Frau Dipl. Ing. Lotte Zauner, einer Cousine meiner Schwiegermutter, die uns den Zugriff auf Original-Materialien ermöglichte, sowie Herrn Mag. Peter Lechner, der – wie man so schön sagt – das Manuskript EDV-mäßig bearbeitet hat. Zu danken ist schlussendlich auch der Wien Holding GmbH, die die Vorarbeiten im Rahmen dieses Projektes als Sponsor finanziell unterstützt hat.

Möge nunmehr der Leser oder die Leserin in den biographischen Erinnerungen aus dem Wien des 19. Jahrhunderts eine ebenso vergnügliche und vor allem anregende Lektüre finden wie ich diese beim ersten Lesen dieses Textes erlebt habe.

Univ. Prof. Dr. Helmut Friedrichsmeier   Wien, im Mai 2007

Inhaltsverzeichnis

Erlebte Freuden und Leiden...11
Notizen aus meinem Leben 13
Johanna Ecker, Die Familie Sina in Wien..117
Georg Gaugusch, Genealogie der Familie Stauffer...........................129
Namensregister 133

"Erlebte Leiden und Freuden"

Je länger ich mich mit Josef Stauffers Leben und Werdegang beschäftigte, desto interessanter wurde die Materie. Wodurch zeichnen sich denn diese Lebenserinnerungen überhaupt aus, warum soll man sie publizieren und so einem breiteren Publikum bekannt machen?

Zuerst einmal erfüllt der Lebensweg mit Bewunderung. Ein armer Bub vom Land schafft es, mit Fleiß, offensichtlich gutem Benehmen, Intelligenz und wohl auch einer kleinen Portion Glück eine erstaunliche Karriere im Hause einer der reichsten Familien der Monarchie, der Familie Sina, zu machen. Vom Hilfszeichner zum Bauinspektor mit gehörigem Pouvoir – eine bemerkenswerte Karriere.

Zum anderen erlebte und reflektierte Josef Stauffer auch die politischen, wirtschaftlichen und sozialen Entwicklungen des 19. Jahrhunderts. Er kam nach Wien während der Biedermeierzeit, erlebte die beunruhigenden Tage der Revolution 1848 als akademischer Legionär, sah die vermeintliche Ruhe des Neoabsolutismus und reflektiert die Kriege von 1867 und 1870.

Viele Menschen säumen seinen Lebensweg, Wohltäter und Kollegen, die Familie Willner und auch eine Köchin namens Katharina Janisek, der er die Begegnung mit der „Sekte" der Swedenborger, einer theosophischen Bewegung, verdankt.

Sein Leben gilt dem Bauwesen, der enormen Bautätigkeit der Familie Sina, die lange vor dem Beginn des riesigen Projekts der Wiener Ringstraße einsetzt. Und doch ist auch der Aufschwung, der ab 1858 einsetzt und in Wien die wohl einschneidendsten städtebaulichen Veränderungen mit sich bringt, für Stauffers Werdegang von großer Wichtigkeit. Heuer jährt sich der Beginn des Monsterprojektes „Ringstraße" zum 150. Mal. Und oft fragt man sich, wie denn die Stadt davor ausgesehen hat, wie die Menschen der damaligen Zeit die Umwälzungen empfunden haben. Josef Stauffer berichtet darüber, über das Leben, den Alltag, seine Familie, die kleinen und die großen Sorgen in einem Wien der Veränderungen, das buchstäblich keinen Stein auf dem anderen lässt und sich zur modernen Metropole entwickelt.

Seine Familie ist Josef Stauffer sehr wichtig, im Detail schildert er die Lebenswege seiner Kinder, die nicht immer nach seinen Vorstellungen verlaufen, die er aber nach einiger Zeit doch akzeptiert. Der Stolz über den Erfolg seiner Kinder und Enkel ist deutlich zu spüren. Und so ist es kein Wunder, dass sich in der Familie das Andenken an den Urahn Josef Stauffer erhalten hat und nun diese erstaunlichen Lebenserinnerungen in Buchform erscheinen. Mein besonderer Dank gilt Univ. Prof. Dr. Helmut und Johanna Friedrichsmeier, die mir das Manuskript anvertraut haben. Vermittelt hat dies Dr. Klaralinda Ma-Kirchner, wofür ich ihr sehr danke. Weiters gilt mein Dank dem Peter Lang-Verlag, namentlich Dr. Norbert Willenpart, und Univ. Prof. Dr. Hubert-Christan Ehalt vom Kulturamt der Stadt Wien, der das Projekt nicht nur gefördert hat, sondern auch sein besonderes Interesse zeigte.

Alleine hätte dieses Buch jedoch niemals so abgerundet erscheinen können. Mag. Johanna Ecker hat dankenswerter Weise ihre neuesten detailreichen und spannenden Forschungsergebnisse zur Familie Sina als unerlässliche Ergänzung zur Verfügung gestellt. Dipl. Ing. Georg Gaugusch unterzog sich der großen Mühe, einen genauen Stammbaum der Familie Stauffer beizufügen, ohne den die Darstellung dieser Familie nicht komplett wäre. Sie beide und Christiane Arnbom korrigierten außerdem den Text und wiesen mich auf Unklarheiten hin. Mir selbst blieb die Bearbeitung des Manuskriptes, das bis auf wenige Streichungen und Vereinheitlichungen der Rechtschreibung im Original verblieb. Einzig fügte ich Zwischentitel ein, um den Text besser zu strukturieren. Die wichtigsten Personen im Umkreis Josef Stauffers wurden mit biographischen Details in Fußnoten näher erläutert. Ein Personenregister umfasst die wichtigsten Personen aller Texte.

Das letzte Wort gebührt Josef Stauffer: „Sollten diese Notizen von Euch gelesen werden, so erinnert Euch, daß sie von Eurem Vater geschrieben wurden, welcher nicht das Glück hatte, Eltern zu besitzen, welche wohlhabend waren."

Dr. Marie-Theres Arnbom
Wien, Jänner 2008

Josef Stauffer
Notizen aus meinem Leben oder Erlebte Leiden und Freuden
Begonnen Wien, im Jahre 1876

Nachdem es gerade neunundfünfzig Jahre sind, seitdem ich das Licht der Welt erblickte, so drängen sich in dem letzten Viertel meines Lebens Erinnerungen heran, welche ich hier sammeln und meinen Nachkommen hinterlassen will. Dieselben will ich in zwei Teilen erzählen und zwar von meiner Geburt bis zu meiner Anstellung und von da bis zu dem Zeitpunkte, wo mir die Vorsehung das Schreiben nicht mehr länger gestatten werde.

I. Teil

Ich wurde am 19. März 1817 in Groß-Weikersdorf in N.Öst., in dem Hause Nr. 84 geboren, wo mein Vater Franz Stauffer Maurermeister und Landwirt war. Sein Vater, mein Großvater Franz Stauffer, war in der Gemeinde Ziersdorf ebenfalls Maurermeister und Landwirt gewesen. Derselbe wurde im Jahre 1744 in diesem Orte geboren, wo dessen Vater, mein Urgroßvater, Mathias Stauffer, Maurermeister, Landwirt und Ortsrichter war. Über den Letzteren besitze ich ein Dokument von dem Pfarrer aus Gettsdorf, in dessen Pfarrsprengel damals die Gemeinde Ziersdorf eingepfarrt war.

Dieser Mathias Stauffer soll nach einer Mitteilung meines Vaters bei dem Baue der Karlskirche in Wien gearbeitet haben, was ein von ihm gezeichneter Plan, welchen ich in meiner Jugend gesehen habe, und welcher leider verloren gegangen ist, bestätigte. Derselbe hatte fünf Töchter und einen Sohn. Was aus den Töchtern geworden ist, habe ich niemals erfahren. Von dem Mathias Stauffer ist das Maurergewerbe ununterbrochen bis auf den heutigen Tag in unserer Familie geblieben, und dürfte, da mein Bruder Ferdinand in Wien Baumeister ist, noch länger in derselben verbleiben.

Ob der Vater meines Urgroßvaters auch diesem Gewerbe angehört hat, konnte ich trotz meiner Nachforschungen niemals erfahren, da weder die Tauf- noch die Trauungsbücher hierüber Aufschluß geben.

Mein Vater hatte zwei Geschwister. Einen Bruder Ferdinand, welcher Baumeister in Tulln und eine Schwester Anna, welche Bäckermeister-Gattin in Gols war. Da sich mein Großvater in guten Vermögensverhältnissen befand, so schickte er seine zwei Söhne nach erlernter Maurerei nach Wien, um sich in der Praxis und im Zeichnen auszubilden. Sie machten auch von dieser Wohltat Gebrauch. Im Sommer arbeiteten sie auf den Bauten, im Winter gingen sie in die Zeichenschule und wurden sonach tüchtige Baumeister.

Mein Vater war zweimal verheiratet. Die erste Frau, eine geborene Wimmer, gebar ihm fünf, die zweite, eine geborene Scheibl, meine Mutter, gebar ihm zehn Kinder, wovon fünf in der frühesten Jugend gestorben sind. Von den Überlebenden war ich der Älteste, dann kam mein Bruder Ferdinand, später meine Zwillingsschwestern Maria, verehelichte Heinze und Barbara, verehelichte Fichter und endlich mein Bruder Johann. Letzterer ist Tischbaumeister in Wien und hat einen Sohn und eine Tochter. Da sich sein Sohn August den technischen Studien gewidmet hat, so dürfte das anderthalbhundert Jahre bestehende Maurergewerbe, obwohl mein Bruder Ferdinand kinderlos ist, und meine zwei Söhne sich den Gymnasial-Studien gewidmet hatten, noch länger in unserer Familie verbleiben. Es sind wohl von meinen beiden Schwestern auch Kinder am Leben, dieselben aber eine vernachlässigte Erziehung erhalten haben, so dürfte ihr Los ebenso traurig, wie jenes ihrer Eltern werden.

Wie ich schon anfangs bemerkt habe, stand meine Wiege in Groß-Weikersdorf. Ich wurde im Alter von zwei Jahren meiner Großmutter, mütterlicher Seite, nach Ziersdorf, zur Erziehung übergeben. Dieselbe ein gewöhnliches Landweib, jedoch nicht ohne Verstand, widmete sich ihrer Pflicht so gut es ihre Kräfte erlaubten. Ich verblieb auch bis zu meinem dreizehnten Jahre bei ihr. Aus meinen ersten Jahren weiß ich mich auf nichts zu erinnern. Als ich das 3. Jahr zurückgelegt hatte, wurde ich meiner Großmutter weg und nach Hause genommen, denn mein Vater ist ein Gegner dieser Erziehung gewesen. Jedoch die große Anzahl der Kinder, die eingetretenen Missjahre 1817, 1818 und 1819 und schließlich die große Feuersbrunst, durch welche sein ganzes Haus zerstört wurde, dürften denselben wieder bewogen haben, mich zu der Großmutter zurückgehen zu lassen. Dieser Plan wurde auch ausgeführt. Ich kam wieder nach Ziersdorf und habe mich bei meinen Großeltern recht wohl befunden. Dieselben besaßen ein einstöckiges Häuschen, einen Keller voll Wein und der Großvater war ein sehr guter Mann. Wenn er zu essen und zu trinken hatte, und eine hübsche Dose mit Tabak, so kümmerte er sich um die ganze Welt nicht. Ich war daher ganz meiner Großmutter überlassen und von derselben hing mein späteres Wohl und Weh ab. Dieselbe konnte mir weder Wissen, noch Bildung beibringen, weil sie weder das Eine oder das Andere hatte, aber sie hat mich zum Lernen, zur Arbeit und zur Religion angehalten und hat mir dadurch Schätze gegeben, für welche ich ihr ewig dankbar sein werde. Als ich das fünfte Jahr erreicht hatte, wurde ich, wie es die Gesetze vorschrieben, in die Schule geschickt. Anfangs ging das Lernen schwer, weil ich Niemanden zur Nachhilfe hatte. Meine Großeltern konnten nur mit Mühe lesen und ihren Namen schreiben, sie konnten mich daher nicht unterstützen, daher die fortwährende Angst vor dem Lernen. Diese verschwand, je mehr sich mein Fleiß einstellte. Ich hatte in der Folge nur mein Buch und die Schreibtheke in der Hand und lernte Tag und Nacht, so dass meine Großmutter oft sagte: „Bub! Du wirst wirklich noch blind werden." Mit dem Fleiße ging auch das Lernen und so schob ich so manchen Buben, welcher mir voraus war zurück und wurde in meinem zehnten Jahre einer der besseren Schüler.

Während meiner Schulzeit, welche bis zu dem dreizehnten Jahre dauerte, mußte ich mich auch im Häuslichen gebrauchen lassen. Meine Großeltern gingen gewöhnlich früh morgens im Sommer in die Weingärten, wo der Großvater bis Abends, die Großmutter bis zum Mittagskochen verblieben. Sobald ich aus der Schule kam, mußte ich das Mittagessen dem Großvater nachtragen. Außerdem mußte ich Holz und Wasser tragen, die Kuh, Schafe und Hühner füttern; und wehe mir, wenn ich obige Arbeiten, in Folge Spielens mit den Buben, vergaß; es folgten tüchtige Schläge von meiner Großmutter und trotz dieser derben Behandlung habe ich doch die größte Liebe und Anhänglichkeit für sie gehabt. Der Gedanke, sie zu verlieren, war für mich trostlos, da mir meine Mutter fremd war und niemals einen Ersatz geleistet hätte.

Außer den oben genannten Arbeiten hatte ich nebst meinem Lernen, noch müßige Stunden, da das Spielen oder Raufen mit den Nachbarsbuben nicht immer ging. Ich benützte dieselben zu einem Geschäfte, welches mir später ein Taschengeld einbrachte.

In dem Orte befanden sich zwei Gasthäuser, deren Eigentümer zu meiner Großmutter verwandt waren. Der Eine, der Biegler, näher, da er Geschwisterkind war, der Andere der Meihsner, entfernter. Bei dem ersteren habe ich mich gern aufgehalten, weil er und seine Frau gute Leute waren, mich sehr gerne hatten, und weil ich von beiden nur Gutes erhielt. Auf der Poststraße, welche durch Ziersdorf ging, verkehrten in der Badesaison viele Courgäste und es wurde gewöhnlich beim Biegler Station gemacht. Da kam es oft vor, daß dieselben mich zum Kaufmann um Tabak oder andere Kleinigkeiten schickten und mich mit einigen Kreuzern beschenkten. Dies machte mir viel Freude und setzte mich in die Lage, mir eine Sparkassa anlegen zu können, wodurch mein Sparsinn nicht wenig angeregt wurde.

Leider vertrug sich diese Beschäftigung nicht länger mit dem Schulgehen, da ich nicht selten zum Stürzen verleitet worden bin. Zu gleicher Zeit hatte ich das Malheur, mit dem Sohn des Schullehrers öfter in Konflikt zu geraten, wobei gewöhnlich Raufereien entstanden. Nachdem diese beiden Dinge bekannt wurden, hatte ich meine schwere Not mit meiner Großmutter. Von dieser wurde ich tüchtig durchgewichst und vom Lehrer aus der Schule gestoßen. Ich durfte dieselbe mehrere Wochen nicht besuchen, und durfte erst dann wieder eintreten, als mein Vater mit dem Lehrer Ordnung gemacht hatte. Aber welche schwere Not zu Anfang! Vom Montag bis zum Freitag mußte ich durch einige Wochen auf der Eselsbank sitzen und erst dann, wenn der Pfarrer am Freitag den Religionsunterricht erteilte, durfte ich auf meine obere Bank wieder zurückgehen. Diese Demütigung dauerte einige Wochen und ich mußte dieselbe ohne Gnade und Barmherzigkeit über mich ergehen lassen. Von nun an ging mein Fleiß, meine Verträglichkeit mit des Lehrers Sohn und meine Aufmerksamkeit wieder prächtig und ich trat nach Vollendung des zwölften Jahres als einer der besten Schüler aus der Schule aus.

Was sollte von jetzt an mit mir geschehen? Meine Großmutter war alt und wollte mich im Hause behalten; mein Vater ließ dies nicht zu, sondern bestimmte mich für das Maurerhandwerk. Es verging bereits ein Jahr, als uns mein Vater in Ziersdorf besuchte. Als er mich sah, sagte er: „Bub, was soll aus Dir werden? Ein Bauer? Du mußt nach Hause und das Maurerhandwerk lernen." Ich war über diese Äußerung ganz bestürzt und ebenso meine Großmutter.

Im nächsten Frühjahr 1830 kam meine Mutter nach Ziersdorf, teilte mir den festen Willen meines Vaters mit und ging ohne Wissen der Großmutter mit mir zum Pfarrer, um demselben den Dank für seine gehabte Mühe auszudrücken. Beim Weggehen sagte er zu meiner Mutter: „Was will der Bub werden?" „Ein Maurer", sagte dieselbe. „Warum lassen Sie ihn keinen Pfarrer werden?" „Weil wir kein Geld hiezu haben", war ihre Antwort, „obwohl dies meine größte Glückseligkeit wäre." Nach mehreren Tagen schnürte ich ohne Wissen der Großmutter mein Ränzchen, machte mich auf und ging nach Hause zu meinen Eltern. Der Wunsch meines Vaters war erfüllt und ich gehorchte demselben.

Anfangs gefiel mir die größere Gesellschaft bei meinen Geschwistern sehr gut. Als aber bald Reibungen eintraten und ich die Dürftigkeit meiner Eltern kennen gelernt hatte, so kam nur zu bald die Zeit der Reue, welcher ich aber trotz meiner Jugend widerstanden bin.

Mein Vater befand sich mit seiner ersten Frau in ziemlich guten Verhältnissen, da er als Maurermeister gesucht und seine Ökonomie einträglich war. Aber der Tod derselben hatte sein Vermögen geteilt. Die Hälfte desselben, mit Fl. 4000,- W.W, erhielten seine fünf Kinder und die andere Hälfte reichte nicht hin, um seine Schulden zu bezahlen. Er suchte daher eine zweite Frau, um ihn aus seinen Verlegenheiten zu retten, welche aber bei fünf vorhandenen kleinen Kindern schwer zu finden war.

Meine Mutter, aus seinem Geburtsorte, kannte ihn und seine Verhältnisse und obgleich ihr Vermögen nur Fl. 1500,- W.W. betrug, so griff sie nach seiner Hand und der Bund war für immer geschlossen. Meine Eltern waren neun Monate verheiratet, als der Markt Weickersdorf abbrannte und das ganze Haus derselben mit. Obwohl das Letztere asseccuriert war, so deckte die Entschädigung kaum den vierten Teil der Baukosten, da der Vater das Haus umbaute und zu große Auslagen machte. Infolge dieser letzteren und der eingetretnen Missjahre wurden seine Vermögensverhältnisse immer schlechter. Die jährlichen Zinsen für die Schulden konnten nicht mehr gedeckt werden, und so kam der Zeitpunkt heran, wo das Haus samt der Wirtschaft um einen Spottpreis verkauft wurde. Meine Eltern mußten alles verlassen, ohne zu wissen, auf welche Art sie jetzt ihre fünf Kinder ernähren würden, Sie mußten in einem fremden Hause Wohnung suchen und von neuem wieder zu wirtschaften anfangen. In diesem traurigen Zustand fand ich meine Eltern, als ich das Haus meiner Großeltern verlassen habe.

Zu derselben Zeit ging die Herrschaft Wetzdorf an den bekannten Militärlieferanten Parkfrieder[3] über, welcher schon damals die Idee zu dem berühmten Heldenhügel, in welchem der Vater Radetzky ruht, gefaßt haben dürfte. Mein Vater erhielt die Maurerarbeiten, und er weihte mich später auf diesem Gute in die Geheimnisse der ehrsamen Maurerzunft ein. Obwohl ich anfangs große Not hatte, so ging es doch nach längerer Zeit besser, und ich konnte mit Hammer und Latte mein Probejahr antreten. Ich wurde noch in demselben Jahre bei der Maurer- und Steinmetzinnung zu Korneuburg aufgedungen und nach drei Jahren, d. i. im Jahre 1832 von dieser ehrsamen Zunft frei und ledig gesprochen. Ich erhielt als Legitimation einen Lehrbrief mit einem großen Petschaft, auf welchen ich nicht wenig stolz war.

Während meiner Lehrzeit hatte ich wenig gute Tage. An Wochentagen mußte ich mit den Gesellen in die Arbeit gehen und an jedem Sonntage mußte ich die Sonntagsschule und Christenlehre besuchen. Zugleich wünschte der Vater, daß ich mich im Zeichnen und Rechnen fleißig üben sollte. Ich gehorchte seinem Willen und fing an, die Geheimnisse der bildenden Kunst mir anzueignen. Anfangs ging es schlecht; aber später erwachte meine Vorliebe für diesen Zweig derart, daß ich sogar nachts beim Lichte das Reißzeug aufsuchte, und alte Pläne vom Vater kopierte. Dasselbe tat ich auch an Sonn- und Feiertagen. Wenn die Burschen des Ortes sich im Gasthause, oder auf der Kegelbahn unterhielten, so blieb ich ruhig zu Hause und zeichnete und malte, so gut als es ging. Mein Bruder Ferdinand, welcher auch schon zum Geschäfte benützt wurde, hatte weniger Vorliebe zu der Kunst. Er ging lieber mit seinen Kameraden auf die Kegelbahn, worüber der Vater sich öfters beklagte. Jeden Winter, solange ich zu Hause war, befasste er sich mit uns beiden im Zeichnen und Rechnen. Besonders lehrte er uns das Toisieren, da diese Rechnungsart zum Verfassen der Überschläge notwendig war. So leicht ich diese Gegenstände begriff, ebenso schwer fielen dieselben meinem Bruder, da er keine große Vorliebe zum Lernen hatte.

1833 nach Wien

Es kam das Jahr 1833 heran, wo mein Vater bestimmte, daß ich nach Wien gehen und ein tüchtiger, braver Maurer werden sollte. Dies war gerade ein Wasser auf meine Mühle, da mir die dürftigen Verhältnisse meiner Eltern niemals gefallen hatten.

---

[3]Josef Gottfried Ritter von Pargfrider (Parkfrieder), (ca. 1787 vermutlich Ungarn – 30.1.1863 Kleinwetzdorf/Heldenberg/NÖ) war Lieferant für die kaiserliche Armee. Er unterstützte die Armee in den Feldzügen von 1848 und 1849. 1833 erwarb er Kleinwetzdorf, wo er im Schlosspark den Heldenberg anlegen ließ.

Es war am 14. Mai 1833, als ich mit den nötigen Kleidern, mit sechs Stück Silberzwanzigern und mit dem Segen meiner Eltern versehen, die Reise nach Wien antrat. Ich benützte hiezu einen Obstwagen, welcher Obst auf den Naschmarkt führte. Wir kamen am 15. Mai früh morgens, halb erfroren bei der Taborlinie und um 10 Uhr mittags am Naschmarkt an. Hier verließ ich den Frachter und wanderte ganz fremd nach Margarethen, um meine Stiefschwester Gall[4] aufzusuchen. Bevor ich sie fand, trat ich in ein Gasthaus in der Baumgasse, verzehrte einiges und erfuhr auch glücklicherweise in diesem Gasthause die Wohnung meiner Verwandten. Ich fand die Schwester und ihren Mann und wurde von beiden gut aufgenommen.

Nach einigen Tagen verschaffte mir der Letztere auf dem Bau in der Mittelsteiggasse in Margarethen bei dem Seidenzeugfabrikanten Amon eine Arbeit. Der Bau wurde von dem Baumeister Reischl ausgeführt. Ich konnte mich anfangs schwer in die Wiener Arbeiten hineinfinden, da der Unterschied zwischen diesen und den Landarbeiten zu groß war. Nur nach längerer Zeit hielt ich mit den Arbeitern gleiche Schritte. Von da kam ich auf den Bau in der unteren Reisnerstraße, Haus Nr. 4, wo ich bis zum Eintritt des Winters verblieb.

Da ich bei meiner Schwester Gall Kost und Wohnung hatte, so ersparte ich mir während des Sommers Fl. 50,- in Silber, welche ich mir aus Freude in Silberthaler umwechselte. Während ich in den Wochentagen in meine Arbeit ging, besuchte ich an den Sonn- und Feiertagen die Zeichenschule. Anfangs bei dem Architekten Grünauer, später bei dem Architekten Brem. Der Winter kam heran und die Arbeiten wurden bei den Bauten eingestellt. Was war jetzt zu tun? Der Drang nach etwas Besserem war vorhanden, ich wollte zu meinen Eltern nicht gehen, so entschloss ich mich, über den Winter in Wien zu verbleiben. Ich ersuchte meinen Schwager Gall, ob er mich über den Winter nicht unterstützen möchte, da ich große Lust hätte, in eine Zeichenschule einzutreten. Obwohl er selbst nicht viel hatte, so versprach er mir doch seine Unterstützung und mein Plan ging in Erfüllung.

Eines Tages ging er mit mir in die Technik, zu dem Direktor Klieber, dessen Schüler er einstmals war, und bat um meine Aufnahme. Nach langem Reden, wurde mir als Gast, ein Platz in dem Zeichensaal angewiesen. Anfangs hatte ich große Schwierigkeiten, da hier in der Gravierschule nur freie Handzeichnungen ausgeführt wurden. Da ich aber Fleiß und Ausdauer zu meinem Lebensprinzip gemacht hatte, so habe ich auch hier alle Schwierigkeiten glücklich überwunden.

Zu gleicher Zeit lernte ich den Bruder meines Schwagers, Johann Gall, kennen. Derselbe war ein absolvierter Philosoph, trat sodann als Theolog in das Piaristenkloster, mußte aber wegen seiner Kränklichkeit dasselbe recht bald verlassen. Dieser Mann wohnte bei seiner Mutter, der Tischlermeisterwitwe Gall,

---

[4] manchmal auch Holl, Schreibweise nicht immer übereinstimmend.

einer Stiefschwester meiner Großmutter Scheibl, zu welcher ich öfters gekommen bin.

Dieser gute Theolog, welcher sich ausschließlich mit Lectionen befasste, sah meinen Fleiß und meine Vorliebe zum Zeichnen, bemerkte aber zugleich, wie armselig meine Schulbildung war. Er erbarmte sich meiner, kaufte mir Sprachlehren und verschiedene Bücher und unterrichtete mich den ganzen Winter aus verschiedenen Gegenständen. Auch brachte er mir die Anfangsgründe aus der Geometrie und der Algebra bei. Er befasste sich lange mit mir; und da er wegen seines Brustleidens meistens zu Hause war, so war ihm mein Besuch jedesmal willkommen. Leider ist dieser gute Mann seinem Brustübel erlegen. Ich fühle mich verpflichtet, demselben für seine Mühe meine größte Dankbarkeit hier auszudrücken.

Die Fördererfamilie des Baumeisters Hainz

Im nächsten Frühjahre ging ich wieder auf den Bau in die Reisnerstraße, wo ich aber nicht mehr lange verblieb, da ich damals zu dem bekannten Baumeister Hainz zu kommen, Verlangen hatte. Bevor ich von meiner früheren Arbeit austrat, mußte ich bei dem Baumeister Raimund mein Zeugnis abholen. Als ich dasselbe begehrte, fragte mich Raimund um die Ursache meines Austrittes, wohin ich ferner in Arbeit gehen wolle und wer mein Vater sei. Da ich ihm bemerkte, daß ich zu dem Baumeister Hainz in die Arbeit gehen wolle und daß mein Vater Maurermeister in Weickersdorf sei, so gab er mir zur Antwort: „Nun so geh, lerne etwas, damit Du ein tüchtiger Polier wirst."

Ich behielt mir diese Worte in meinem Herzen, suchte bei Hainz um Arbeit an und erhielt dieselbe nach längerer Zeit. An Sonn- und Feiertagen ging ich in die Zeichenschule, wonach ich in der Praxis, als auch in Zeichnen Fortschritte machte.

Als der Winter heran kam, hatte ich Sehnsucht, meine Eltern und Geschwister wieder zu sehen. Ich ging nach Hause und verblieb bei denselben über den Winter. Meine Beschäftigung war während desselben Zeichnen und Verfassen von Überschlägen, bei welchen Arbeiten mich mein Vater bestens unterstützte. Das Frühjahr kam heran und ich sollte zu Hause bleiben, da der Vater ziemlich viel Arbeit in Aussicht hatte. Ich sträubte mich gegen seinen Willen und ging im Frühjahr 1835 wieder nach Wien, um bei dem Baumeister Hainz Arbeit nehmen zu können. Während dieser Zeit lernte ich den Hauptpolier Durnacher, einen derben Schwaben kennen und erhielt recht bald von demselben seine Protektion. Es fiel ihm auf, daß ich nicht während der Mittagsstunde, gleich den anderen Gesellen in das Wirtshaus ging, sondern daß ich mich mit dem Skizzieren von einzelnen Baubestandteilen befasste. Er fragte mich einmal, ob ich auch Zeichnen könne und als ich ihm mein Weniges mitteilte, so gab er mir ein Empfehlungsschreiben an den Baumeister Frey nach Laxenburg, bei welchem ich anfangs als Maurer, später als Zeichner beschäftigt war. Zu dieser Zeit baute der Baumeister Frey die Fasanerie in Laxenburg, wozu der Architekt und Schloßhauptmann Schücht die Pläne verfasste. Ich verbrachte den Sommer sehr angenehm in dieser Gegend, da ich mehrere Söhne und Töchter der dortigen Bürger kennen lernte und wir viele angenehme Abende auf dem Schloßteiche erlebten. Ich wohnte in dem Hause des Baumeisters, wo mir an Sonn- und Feiertagen seine Kanzlei, seine Bibliothek und seine technischen Instrumente zu Gebote standen. Obwohl ich von allem wenig verstand, so bekam ich doch durch das Besichtigen derselben einen solchen Drang nach etwas Besserem, und bedauerte sehr, daß ich Eltern hatte, welche mir keine ordentliche Ausbildung verschaffen konnten.

Nach Beendigung des Sommers ging ich wieder nach Wien und arbeitete bei dem Bau des Bellegardehofes in der Stadt, in der Landskrongasse, unter dem Hauptpolier Durnacher, bei welcher Gelegenheit ich einen jungen Mann kennen lernte, welcher auch als Maurergesell arbeitete. Mir fiel sein gutes Aussehen und seine hübsche Kleidung auf und als ich ihn um seinen Namen fragte und wer sein Vater sei, so sagte er mir: „Ich heiße N. N. (der Name ist mir entfallen) bin aus Salzburg, wo mein Vater Baumeister wäre." Er hatte technische Studien und war deshalb nach Wien gegangen, um sich in der Praxis für einen Baumeister auszubilden. Welcher Schmerz für mich, als ich seine näheren Verhältnisse kennen lernte! Dieser junge Mann erzählte mir viel von seinen früheren Studien, von seiner Vaterstadt Salzburg und von seinen Plänen. Er war der Erste, welcher mir von der Trigonometrie und Stereometrie erzählte. Wir waren lange gute Freunde und ich profitierte so Manches von demselben. Leider ist der Arme in seinem 22. Lebensjahre an Typhus in Wien gestorben, wodurch seine Eltern in größte Trauer versetzt wurden.

In dem nächsten Sommer 1836 arbeitete ich im Schloße zu Schönbrunn, nachdem ich an den Hofpolier Dorfmeister anempfohlen war. Hier arbeitete ich den ganzen Sommer hindurch und erwarb mir das Vertrauen und die Zuneigung meiner Vorgesetzten. Da Dorfmeister erfahren hatte, daß ich auch zeichnen könne, so verwendete er mich manchmal zu dieser Arbeit. Er überließ mir mehrere Pläne von seinen früheren Arbeiten zum Copieren und es befinden sich noch mehrere Exemplare der Letzteren in meinem Portefeuille, von welchen der Plan eines vier Stock hohen Hauses in der Stadt auf der Mölkerbastei, welches der Stadterweiterung zum Opfer fiel, nicht uninteressant war. In diesem Sommer war ich mehrere Male krank, und da mir der Hofpolier Dorfmeister und der Schloßhauptmann Setele wohl geneigt waren, so erhielt ich auch während meiner Krankheit den Wochenlohn. Welche Wohltat für mich in meiner damaligen Lage! Diesen beiden Herren, welche das Zeitliche schon längst gesegnet haben, schulde ich noch heute meinen größten Dank.

Im nächsten Jahre wurde der Zubau an der Technik, gegen die Panigelgasse begonnen; und da ich nur Vorliebe für schöne Arbeiten hatte, so suchte ich bei dem Unternehmer, beim Baumeister Grüne um Arbeit an. Hier wollte es der Zufall, daß ich den Professor Stummer, Baumeistersohn aus Korneuburg, dessen Vater während meiner Lehrzeit Obervorsteher der Maurerzunft war, kennen lernte. Da mein Vater bei dieser Maurerinnung Mitmeister war, so kannte er dessen Namen. Ich arbeitete auf diesem Bau den ganzen Sommer hindurch, wo ich die Mitgesellen Pucher und Theiß, welche tüchtige und wohlhabende Baumeister in Wien wurden, kennen lernte. Von diesen Beiden ist der Erstere tot, der Letztere noch am Leben. Da ich mir während des Sommers einige Gulden ersparte, so dachte ich, dieselben zur Ausbildung zu verwenden. Ich ersuchte den Professor Stummer, ob er mich nicht in seine Baukanzlei und auch als Gast in seine Vorlesungen aufnehmen wolle. Er gewährte mir meine Bitte und ich verblieb über den Winter bei ihm.

Als das Frühjahr 1838 herankam, ersuchte ich wieder bei dem Baumeister Hainz um Arbeit, wonach ich recht bald Bauschreiber und sodann Vizepolier wurde. Dieses Avancement war für mich damals eine große Glückseligkeit, weil sich meine Träume realisierten und meine pecuniäre Lage verbesserte. Ich verblieb den ganzen Sommer auf dem Bau in der Kärnthnerstraße, Apotheke zum Salvator, sodann Tuchlauben zum steinernen Kleeblatt, und kam im Winter in die Baukanzlei des Baumeisters Hainz, Plankengasse 2, wo das Kaffeehaus vom Leidenfrost war. In derselben befanden sich mehrere Zeichner, unter welchen ich der Jüngste war. Der Chef dieser Kanzlei war der Architekt Frauenfeld, Bruder des Baumeisters Frauenfeld, ein hübscher talentvoller Mann, welcher aber in Folge seiner Trunksucht später gestorben ist.

Meine Arbeiten bestanden anfangs im Abschreiben von Überschlägen und Copieren von Plänen. Später erhielt ich den Entwurf eines 3 Stock hohen Zinshauses für den Neubau Spindlergasse Nr. 55/183 auszuarbeiten, welchen ich glücklich durchführte und das Haus auch gebaut wurde. Es ist wirklich ein Zufall, daß der Verkauf dieses Hauses nach 20 Jahren unter meiner Intervention an den Hofrat Dr. von Günthner, welcher früher Leibarzt beim Kaiser Ferdinand war, geschah. (Pläne bei mir vorhanden)

Im nächsten Frühjahr 1839 wurde das Gasthaus zum Posthorn in der Leopoldstadt, Taborstraße, umgebaut und ich wurde von Hainz als Bauschreiber hiezu beordert. Das Wetter war kalt und schlecht und ich erfror meine Hände und Füße, an welchem Übel ich heute noch leide. Zu dieser Zeit war der Baumeister Hainz schon kränklich. Er litt durch mehrere Jahre an einem Harnübel, welchem er auch später erlegen ist.[5] Ich besitze von demselben ein lithographiertes Porträt, es hängt ober dem Haupte meines Bettes.

---

[5] 30.3.1839 Wien

Da ich ihm viel Dank schuldig bin, so lege ich hiermit einen Kranz auf seinen Sarg. Hainz hinterließ eine trauernde Witwe, einen Sohn und eine Tochter. Der Sohn Albrecht war Rittmeister bei Würthenberg-Husaren, und die Tochter Fanny heiratete den Oberlieutenant Schäffer-Tyffi. Ersterer ist gestorben, Letztere lebt noch bis heute als Private in Trumau bei Baden.

Hier sei der Ort, über den Baumeister Hainz einige Bemerkungen zu machen. Derselbe wurde in Alt-Arad in Ungarn geboren, hatte arme Eltern, welche ihm nur den allernotwendigsten Unterricht geben lassen konnten. Er lernte die Maurerei und ging später nach Wien. Über seine ersten Verhältnisse in Wien konnte ich nichts erfahren. Ich denke, er wird etwas Zeichnen gelernt haben und ist später Maurerpolier geworden. Von seiner späteren Zeit fand ich einen alten Schuldschein im Betrage von Fl. 800 W.W. (Anmerkung: 800,- Gulden Wiener Währung), in welchem er versprach, seine Schuld recht bald abzahlen zu wollen. Zu dieser Zeit war er Baumeister in Währing, in einem noch kleinen Orte. Er verehelichte sich später mit der schönen Fanny Großmann, mit der Baumeisters Tochter Großmann, welche viele Häuser in der Stadt, in der Plankengasse erbaute. Hainz war klein und schlank und ein Freund von Gastmählern. Sein Tisch, als er Stadtbaumeister war, war immer von Militär und der höheren Bürokratie besetzt. Er war auch fürstlich Liechtenstein'scher Baumeister und soll sehr viele Reisen auf Kosten des Letzteren gemacht haben.

Als ich in das Hainz'sche Haus kam, war seine Frau wohl über 40, aber noch immer eine hübsche Dame. Die böse Welt wollte wissen, daß sie von großen Herren gerne gesehen wurde. Ob dies wahr war, oder ob es Mißgunst und Verleumdung war, kann ich nicht sagen; aber das kann ich behaupten, daß ihr Charakter, solange ich sie kannte, ein derartiger war, daß ich immer mit größter Achtung und Dankbarkeit von ihr sprechen werde.

Hainz war auch ein großer Patriot. Er hat in den Napoleonischen-Kriegen auf seine Kosten ein eigenes Bürgerkorps errichtet und dasselbe persönlich angeführt, Seine Majestät der Kaiser Franz hat ihn für seine patriotischen Unternehmungen in den ungarischen Adelsstand erhoben und das Prädikat „von Korbest", wie sein Gut hieß, verliehen[6]. Das Letztere haben seine Erben verkauft, da das Erträgnis sehr klein war.

Der Tod dieses Mannes war für die arme Frau ein großer Schlag. Früher von allen Sorgen befreit, in glücklicher Ehe lebend, mußte sie später einen Schwarm von Arbeiten beenden, von welchen sie nicht das Einfachste verstand. Hainz hinterließ mehrere unvollendete Bauten, welche sie infolge der Verträge ausführen mußte. Die Baukanzlei wurde aufgelöst und es verblieben nur ich und ein magistratischer Baubeamter David, ein alter Freund des Baumeisters Hainz. Da

---

[6] Jakob Hainz (auch Haincz), ab 1836 ungarischer Adelsstand mit dem Prädikat de Korbest. Bürgerlicher Stadtbaumeister. Verheiratet mit Franziska, geb. Großmann

dieser nur die Abendstunden frei hatte, um dieselben den Arbeiten der Witwe zu widmen, so mußte ich die Letzteren größtenteils besorgen und ausführen.

Im Frühjahr 1840 mußte ich zur Assentierung nach Korneuburg, wohin auch mein Vater kam. Ich war damals gesund, fehlerfrei und somit ein Braten für das Militär. Zu derselben Zeit wohnte der Regimentsarzt in dem Hause des Zimmermeisters, welcher ein Freund meines Vaters war. Er ersuchte denselben, daß er für mich bei dem Ersteren Fürsprach einlegen möchte. Als ich bei der Assentierung an die Reihe kam, wurde ich untersucht und der Secundararzt sagte: „Tauglich zur Artillerie". Auf diesen Ausspruch trat der Regimentsarzt hervor, untersuchte mich und sagte zu dem Officier: „Der Mann hat einen Plattfuß, ist daher für größere Märsche nicht tauglich." Dies war mein Glück. Ich wurde entlassen und kam niemals wieder.

Nachdem die Arbeiten im Jahre 1840 bei der Hainz zu Ende gingen, so mußte ich mich fragen: Was soll jetzt geschehen? Soll ich wieder auf einen Bau gehen, oder soll ich auf Mitteln sinnen, wodurch mein Wissen erweitert werden könnte?

Ich lernte zu dieser Zeit einen Tomaneck, Baumeisterssohn aus Trencin kennen, welcher früher das Maurerhandwerk gelernt hatte und welcher durch eine Unterstützung des Barons Georg von Sina die Technik besuchte. Derselbe wohnte in dem alten großen Federlhofe in dem Turm (zu meinem Portefeuille befindet sich eine Zeichnung), in welchem Wallenstein sein Observatorium gehabt haben sollte. Diesen Tomaneck besuchte ich öfter in diesem Burgverlies, von welchem sich noch eine Zeichnung in meinem Portefeuille befinden dürfte. Derselbe erzählte mir viel von dem technischen Institute, zeigte mir seine Arbeiten und interessierte mich für dasselbe. Je mehr ich mit ihm verkehrte, desto mehr bekam ich Verlangen, in dasselbe zu kommen. Aber woher sollte ich die Mittel nehmen und wie mit meiner Vorbildung aufgenommen werden? Ich besprach mich über diesen Gegenstand mit dem Herrn David, welcher anfangs die Achseln zuckte, später aber meinem Vorhaben beistimmte.

Ordentlicher Schüler der Technischen Hochschule

Der Herbst kam heran und ich faßte den Entschluß, mich in die Technik einschreiben zu lassen. Nach Vorweisung meiner Zeugnisse und Zeichnungen wurde ich von dem damaligen Institutsdirektor Prechtl als ordentlicher Schüler aufgenommen, worüber ich ganz glücklich war. Ich teilte meine Unternehmung der Frau von Hainz mit, bat sie zugleich um eine kleine Unterstützung, und erklärte ihr, daß ich vormittag die Collegien besuchen und nachmittags ihre Geschäfte besorgen wolle. Dieselbe hat ihre Zustimmung gegeben und ein Teil meiner Wünsche wurde befriedigt.

Anfangs hatte ich in der Technik keine Schwierigkeiten, da das Zeichnen unter dem Professor Fiedler gut ging, die Technologie unter Altmütter[7] auch überwunden wurde und die Anfangsgründe der Mathematik unter Schulz von Straßnitzky[8] mir bekannt waren. Als aber später die algebraischen Aufgaben kamen, die Arbeiten bei der Frau Hainz einen regelmäßigen Schulbesuch nicht zuließen, so hatte ich Angst, wenn es so fortgeht, keine Schlußprüfung machen zu können. Ich legte auch wirklich in der Mathematik und in der Technologie keine Prüfung ab und erhielt daher nur ein Zeugnis aus dem Zeichnen, jedoch eines mit Vorzug.

Im Laufe des Sommers 1841 wurden die Bauten der Hainz beendet, die Entlassung als Zeichner stand mir bevor, und ich mußte mich neuerdings fragen, was mit mir in der Zukunft geschehen solle.

Ich hatte zu dieser Zeit ca. Fl. 300,- CM Ersparnisse. Nach Vollendung der Baulichkeiten beschenkte mich die Hainz mit Fl. 150,- wonach mein Vermögen mit Fl. 450,- CM bestand. Als ich ihr mitteilte, daß ich mein Glück abermals in der Technik versuchen wolle, so lobte sie mein Vorhaben und trug mir die Inspektion ihrer zwei Häuser an und entschädigte mich mit monatlich Fl. 3,- und zwei mal in der Woche mit dem Mittagmahl. Obwohl dieser Beitrag zu meiner Existenz sehr mager war, so dankte ich ihr für ihre Gnade und versuchte zum xten Mal, Schüler der Technik zu werden. Die Zeit kam heran und ich ließ mich inmatriculieren.

Da ich außer meinen Studien keine andere Beschäftigung hatte, so widmete ich denselben meine ganze Zeit und mein Fleiß und meine Mühe waren nicht fruchtlos. Ich machte am Ende des Schuljahres meine Prüfungen, ging in allen Gegenständen mit Vorzugsklassen aus der Technik, und hatte das Glück, den Professor Strassnitzky aus der Mathematik, und den Assistenten Hauke aus der Technologie näher kennen zu lernen, welche mich später in allem unterstützten.

Meine Collegen gingen in den Ferien zu ihren Eltern, Verwandten etc. um sich physisch und geistig erholen zu können, ich aber mußte in Wien bleiben, um durch Nebenarbeiten meine Bedürfnisse decken zu können.

---

[7] Georg Altmütter (6.10.1787 Wien – 2.1.1858 Wien) war ab 1816 Professor für mechanische Technologie am Polytechnischen Institut in Wien und gilt als Begründer der systematischen Werkzeuglehre. Seine umfangreiche Werkzeugsammlung befindet sich im Technischen Museum Wien.
[8] Leopold Karl Schulz von Straßnitzky (31.3.1803 Krakau – 9.6.1852 Bad Vöslau) war Mathematiker. 1838 erhielt er die Lehrkanzel für Elementar-Mathematik am Wiener Polytechnikum. Im April 1848 wurde er vom gesamten technischen Korps ins Vorparlament nach Frankfurt a/M. entsandt. Als Präsident des von ihm ins Leben gerufenen Pädagogischen Vereins betrachtete er es als vordringliche Aufgabe, sich des vernachlässigten Volksschulwesens anzunehmen.

Der Zufall wollte, daß zu derselben Zeit der ehemalige Gasthof zum Ochsen in der Leopoldstadt, Taborstraße, zum Umbau kam, und der Baupolier Durnacher, als Bekannter des Bauherrn, der Aufseher des Baues blieb. Da Durnacher wenig Zeichnen konnte, so ersuchte er mich um Anfertigung der Baupläne. Ich arbeitete dieselben nach einer vorhandenen Skizze aus, und der Bau wurde auch später danach ausgeführt, und heißt heute „Hotel zur weißen Rose". Ich erhielt für die Pläne Fl. 50,-, wohl nicht zuviel, aber für mich in meiner damaligen Lage immer eine Wohltat. Mit dieser Arbeit waren die Ferien verstrichen und ich ließ mich in den 2. Jahrgang einschreiben. Salomon erhielt ich als Professor in der höheren Mathematik, Neumann in der Physik und Fiedler im Zeichnen. Da ich den Professor Schulz, unter welchem ich während des ganzen Jahres seine Vorträge auf der großen Tafel schreiben mußte gut kannte, so bat ich ihn um eine Lection in der Mathematik. Es dauerte nicht lange und ich erhielt nicht Eine, sondern Zwei. Die Erste bei dem Sohn des Doctors Laib, Bruder des jetzigen Doctor Laib, die Zweite bei einem Bergratssohn Stenitzer auf der Wieden. Ich bekam für jede monatlich Fl. 10,-, und war somit für das Jahr gedeckt, da die Zuflüsse der Hainz fortbestanden.

Ich widmete dem 2. Jahrgang meinen größten Fleiß, da die Vorträge viel und dieselben auch schwierig waren. Zugleich hörte ich unter Meißner die Chemie und profitierte von derselben soviel, daß ich für mein Fach überall ausreichte. Prüfung machte ich keine, da die Chemie kein obligater Gegenstand war. Auch habe ich die Vorlesungen in der Mineralogie und Geographie unter Reiter als Gast zugehört, wo ich mir die notwendigsten Kenntnisse für meine Praxis erwarb. Und bei all meinem vollen Fleiße fühlte ich immer mehr, wo es noch fehlt, besonders wenn ich mit Schülern zusammenkam, welche Gymnasialstudien gemacht hatten. Ich kaufte mir daher Bücher über Geschichte, Geographie etc., studierte so fleißig, als dies ohne Nachhilfe ging und, Gott sei Dank, etwas ist überall hängen geblieben. Auf diese Weise beruhigte sich mein Inneres und ich war mit meinem Schicksale zufrieden. Dies sollte aber nicht lange dauern.

Mein Vater kränkelte schon ein Jahr mit einem Fieber und eines Tages erhielt ich die traurige Nachricht, daß er in ein besseres Leben übergegangen sei. Eine Lungenlähmung hatte ihm in seinem 64. Lebensjahr ein Ende gemacht. Ich reiste zu seinem Begräbnisse nach Groß-Weikersdorf, kam aber zu spät und fand ihn nur in der kühlen Erde gebettet. Meine Mutter mit ihren drei unversorgten Kindern – Ferdinand konnte sein Brot schon verdienen – fand ich krank, von allem verlassen und ohne Hilfe. Die Rechnungen von dem Doctor, von der Apotheke, von der Kirche und von dem Schullehrer liefen ein und es war zur Bezahlung kein Vermögen vorhanden. In diesem traurigen Zustande fand ich meine Mutter. Obwohl meine damaligen Verhältnisse selbst ungünstig waren, so bezahlte ich doch ihre sämtlichen Schulden, um meinen seligen Vater von jeder ungünstigen Nachrede zu bewahren.

Nach meiner Rückkunft studierte ich wieder fleißig, gab zwei Mährern Lektionen in der Mathematik, strengte mich aber dabei so an, daß mich eine Krankheit durch sechs Wochen auf das Krankenbett warf. Ich wohnte damals auf der Wieden, Theresianumgasse in dem Frau von Hainz' Haus. Meine Krankheit fiel gerade in die Zeit der totalen Sonnenfinsternis. Ich war schon rekonvaleszent und betrachtete dieselbe auf einem Ruhebette im Garten. Das war ein fürchterlicher Moment. Der Vormittag wurde zur Nacht, die angenehme Wärme verwandelte sich zu einer fröstlichen Kälte, und es kam einem unwillkürlich der Gedanke: Oh Gott, wie groß ich Deine Allmacht!

Wegen meiner Krankheit konnte ich die Prüfungen zur rechten Zeit nicht ablegen, sondern ich machte dieselben nach den Ferien, und erhielt durchgehende Vorzugsklassen.

Jetzt kam wieder für mich die traurige Zeit. Meine Krankheit und die verdienstlosen Ferien stellten meine Existenz abermals in Frage, und ich hatte nicht wenig Sorgen, wie ich das 3. Jahr Technik durchmachen werde. Diese Bürden wurden verringert, als mir die Hainz meine Zulage auf Fl. 5,- erhöhte und der Studentenfond mir auch monatlich Fl. 2,- beitrug.

Da ich täglich in das Haus der Hainz gehen mußte, so sagte die Köchin mir eines Tages: „Sie Herr Stauffer, auf Anordnung der gnädigen Frau können Sie täglich zum Mittagsmahl kommen." Obwohl ich nur in einem kleinen Kabinett, neben der Küche mein Gedeck hatte, so war dieser Antrag mir sehr willkommen, da ich jetzt für das nächste Jahr halbwegs wieder gedeckt war.

Diese Köchin, Katharina Janisek, war eine merkwürdige Person. Sie zählte einige Dreißig, hatte ihre Zähne teilweise verloren, schielte mit einem Auge nicht wenig, war aber sonst eine gute Person. Sie war nicht dumm, erzählte aber gewöhnlich von Dingen, welche sie als Geisterseherin erscheinen ließen. Ich hatte recht bald erfahren, daß sie zu der Sekte der Swedenborger[9] gehörte, welche den Bibliothekar Markel von den Niederösterreichischen Ständen zu ihrem Vorstande hatten. Diesem guten Hirten wurde ich auch als verlorenes Schaf zugeführt. Ich erhielt Bücher von Swedenborg und Hofenecker, mußte mir die große Bibel anschaffen, welche, wenn ich nicht irre, noch auf dem Boden in der Kisten vorhanden sein dürfte. Da diese Sekte in England und Amerika ziemlich verbreitet war, so korrespondierte Markel mit den Vorständen. Die Polizei wußte von seinem Unternehmen und er stand deshalb immer unter deren Aufsicht. Markel war früher ein Theolog und ein sehr offener Kopf. Da seine Briefe öfter konfisziert wurden, so benötigte er einen Abschreiber, zu welchem Geschäfte ich später bestimmt wurde. Soviel ich mich erinnere, bestanden seine Briefe aus theologi-

---

[9] Emanuel von Swedenborg (29.1.1688 Stockholm – 29.3.1772 London). Schwedischer Naturforscher und Theosoph. Verfasser von zahlreichen Bibelkommentaren, Neudeutung des Universums nach zwei Christus-Visionen.

schen, träumerischen Ideen, von welchen ich wenig verstanden und sie auch ungefährlich gefunden habe.

Nachdem die Lehre von Swedenborg auf äußere Erscheinungen wenig, hingegen auf Demut, Geduld und Enthaltsamkeit, besonders auf träumerische Erscheinungen viel hielt, so hatte ich durch diese eine Richtung bekommen, welche mich mein trauriges Los leichter ertragen ließ. Ich wurde nicht Pietist, im Gegenteil, sondern ich fühlte in meinem Inneren eine Religion welche sagte: „Habe Geduld, vertraue auf Gott, tue Recht und scheue Niemanden."

Nachdem ich im 3. Jahre Technik unter Burg[10] die Mechanik, unter Stampfer[11] die praktische Geometrie und unter Engerth[12] die Beschreibende-Geometrie hörte und gute Fortschritte machte, so wurde ich bei den praktischen Vermessungen als Tischführer gewählt und der Mitschüler Johann Rössler, gegenwärtig k. k. Oberbaurat im Ministerium mir als Assistent beigegeben. Unsere praktischen Arbeiten bestanden in der Aufnahme der Gemeinden Atzgersdorf und Erlaa bei Wien.

Zu dieser Zeit studierte mit mir ein gewisser Meisel, ein absolvierter Philosoph und Hofmeister bei den Zuckerbäckern Dehne. Dieser hatte eine tüchtige Vorbildung und doch blieb er in manchen technischen Fächern zurück. Er buhlte um meine Freundschaft, und da er die Collegien nicht regelmäßig besuchte, so lieh ich ihm öfter meine Vorlesungstheken. Wir wurden auf diese Weise intim, und arbeiteten halbe Nächte mitsammen unsere Aufgaben.

Ich bemerkte bei dieser Gelegenheit, daß ich wohl im Technischen voraus, aber in dem anderen Wissen weit hinter ihm bin. Obwohl ich als Tischführer Nr. 8, welcher Partie auch er zugeteilt war, etwas Ehrgeiz besaß, so entdeckte ich ihm doch meine Schwächen. Ich teilte ihm meine Vorbildung mit und ersuchte um eine Nachhilfe. Er gab mir hierauf im Stil, in der Geographie und in der Geschichte Unterricht, wofür ich mit ihm die Aufgaben in der Mathematik, in der Mechanik und in der Beschreibenden Geometrie machte. Hier hatte ich wieder besonders empfunden, wie traurig es ist, wenn die Kinder Eltern haben, welche nicht in der Lage sind, ihnen einen gründlichen Unterricht geben lassen zu können; und wie glücklich die Kinder sind, welche von ihren Eltern in allem unterstützt werden.

---

[10] Adam Freiherr von Burg (28.1.1797 Wien – 1.2.1882 Wien) war als Mathematiker und Techniker Professor an der Technischen Hochschule in Wien. Er erwarb sich Verdienste um die Wasserversorgung, das Feuerlöschwesen und die Gasbeleuchtung in Wien und um die Einführung des metrischen Maß- und Gewichtssystems.
[11] Simon Stampfer (26.10.1790 Raneburg/Osttirol – 10.11.1864 Wien) war Mathematiker und Geodät. Von 1826 bis 1849 war er Professor am Wiener Polytechnischen Institut. 1832 erfand Stampfer die stroboskopische Scheibe, die dem Betrachter den Eindruck eines „laufenden Bildes" (Film) vermittelt.
[12] Wilhelm Freiherr von Engerth (26.5.1814 Pleß/Schlesien– 4.9.1884 Leesdorf/NÖ)

Dieser Meisel kam später als Ingenieur zur Elisabeth-Westbahn, scheint aber in seinen ehelichen Verhältnissen unglücklich geworden zu sein.

1843. Es kam der Sommer heran und wir wurden, wie oben bemerkt, zu den Aufnahmen der Gemeinden Atzgersdorf und Erlaa bestimmt. Die meisten Studenten freuten sich auf diese Zeit, weil da wenig gelernt und viel gelärmt wurde. Ich war mit meiner Partie, welche aus ca. 20 Collegen bestand, zufrieden; denn der Rössler, Meisel, Fromm, Hasel etc... taten ihre Schuldigkeit. Professor Stampfer und Assistent Schaschel begleiteten uns dahin und verblieben zwei Tage in unserer Mitte. Stampfer machte mit mir und noch einigen Schülern das Triangulierungsnetz, wozu wir die Eisenbahnschienen des Atzgersdorfer Bahnhofes als Basis benützten. Hier erzählte mir der gute Professor, ein alter biederer Tiroler, mit welcher Mühe und welchen Sorgen er seine Studien vollendete und wie lange er arbeiten mußte, bis er zu einer Anstellung gekommen ist. Er sprach mir daher Mut und Ausdauer zu.

Nach Beendigung dieser Aufnahmen, welche aus 8 Blättern bestanden, wurde ich zum Pantografiren derselben bestimmt, wobei mich Meisel und Schwenk, letzterer gegenwärtig Zentralinspektor der Kaiser-Ferdinand-Nordbahn, bestens unterstützten. Dieser Plan, sowie einer von mir gut gearbeiteter von den Gemeinden Baumgarten und Ober St. Veit, sind in dem politechnischen Institute als Musterpläne aufbewahrt worden, wofür ich über den Letzteren eine eigene Bestätigung erhalten habe. Der Schluß des Schuljahres kam heran und ich ging mit durchgehends Vorzugsklassen heraus.

Diese sonst so glücklichen Ferien für die Studenten, waren für mich immer Zeiten der Privatarbeiten. Eine solche erhielt ich von dem früher genannten Herrn David. Derselbe hatte ca. 5000/Quadratklafter Baugründe außer der Favoritenlinie, welche er um 1,- Gulden per Quadratklafter gekauft hatte. Diese wollte er Parzellieren und als Bauplätze verkaufen. Ich unterzog mich dieser Arbeit, wurde aber von demselben miserabel honoriert. Genannte Gründe sind gegenwärtig verbaut und werden von 10,- Gulden bis 50,- Gulden per Quadratklafter verkauft.

Zu derselben Zeit wurde auch der Bau in der Leopoldstadt, „Taborstraße zur Rose", von den Bauunternehmern Durnacher vollendet. Hier benützte er mich zur Abrechnung und später zur Vorbereitung seiner Baumeisterprüfung. Zu dieser Zeit mußte jeder Baumeister-Candidat eine Prüfung unter dem Namen Zöglingsstück ablegen. Zur Schriftlichen bekamen sie Fragen aus der Geometrie, von der absoluten und relativen Festigkeit etc., und im Mündlichen Fragen über praktische Arbeiten, welche bei den Bauten vorkommen. Ich unterrichtete Durnacher aus allem, soweit seine Vorkenntnisse ausreichten und er bestand glücklich seine Prüfung.

Dieser Usus wurde später abgeschafft und ich glaube, daß der Baumeister Eduard Kaiser, jetzt k. k. Baurat und mein Bruder Ferdinand Stauffer, jetzt Stadtbaumeister, welche beide bei meinen Bauten auf der Landstraße, Ungargasse 9 und Beatrixgasse 3 Zöglinge waren, die Letzten gewesen sein durften.

Durnacher war zu dieser Zeit schon ein wohlhabender Mann. Er hatte eine 17jährige Tochter, welche sein Liebling war, aber in ihrem 19jährigen Lebensjahr gestorben ist. Sein Haus stand mir zu jeder Zeit offen und ich wurde von allen gerne gesehen. Er hatte eine Equipage, mit welcher er im Winter täglich nach Unter St. Veit zum „Rößl" auf Backhändl fuhr und mich öfters mitnahm. Er baute später einige Häuser für sich und für Private, konnte aber sein Glück nicht lange genießen, da die Wassersucht seinem Leben ein Ende machte. Sein Tod machte meinen Besuchen ein Ende, obwohl dessen Witwe mir die Administration ihrer Häuser übertragen wollte, welche ich aber wegen meiner damaligen Anstellung nicht annehmen konnte. (1842/43)

Die Ferien gingen vorüber und es kam die Immatrikulierung des 4. Jahrganges, damals des letzten, und ich mußte zu meinem Leidwesen erfahren, daß die Regierung die Baukunst auf zwei Jahre ausgedehnt, somit ein 5. Jahr beschlossen hat. Was wollte ich in diesem Falle tun, als den bitteren Kelch bis zur Neige leeren und mich einschreiben lassen. Da ins 4. Jahr die Anfangsgründe der Baukunst fielen, so hatte ich dabei keine Schwierigkeiten und konnte anderen Arbeiten nachgehen, wodurch meine Existenz gesichert war. Die Zeit kam zu den Prüfungen, ich legte dieselben ab und das Resultat war wie früher ein ausgezeichnetes.

Nachdem ich zur Architektur am meisten Lust verspürte, so wollte ich den 5. Jahrgang der Technik mit dem 1. Jahrgang der Architektur vereinigen und beide Gegenstände in einem Jahr abmachen. Ich ließ mich daher in beide Vorlesungen einschreiben, besuchte dieselben eine Zeit lang, kam aber bald zur Einsicht, daß meine physischen Kräfte nicht ausreichten. Ich vernachlässigte daher die Technik frequentierte ausschließlich die Akademie und unterbrach dadurch meine technischen Studien. Am Ende des Schuljahres erhielt ich meine Zeugnisse, welche gut waren.

Da ich die Technik vollenden wollte, so ließ ich mich für die kommenden Semester (1844) in das 5. Jahr einschreiben, besuchte aber die Akademie nicht. Ich arbeitete und studierte sehr fleißig und konnte den Moment nicht erwarten, um als absolvierter Techniker aus dem Institute auszutreten. Derselbe kam und ich ging nebst den Mitcollegen Schmidt, gegenwärtig Professor in Prag, Rössler k. k. Oberbaurat in Wien, von Schaschek, k. k. Ingenieur (†) und Pucher, Ingenieur und Bauunternehmer, mit durchgehends Vorzugsklassen aus der Technik heraus. Viele andere Collegen als Schwenk, Schäfzig, Prokop, Oberinspektor von der Kaiser-Ferdinand-Nordbahn, Waniek, Willner, Hauser, Baron Senus,

Junker, Kuteleik, Lößle und Roland etc. waren auch tüchtige Mitschüler, aber durchgehends Vorzugsklassen konnte keiner von diesen ausweisen.

Auf einem so dornenvollen Wege, welchen ich während meiner Studien gegangen bin, wären Andere gewiß nicht gewandelt. Sie wären umgekehrt und hätten ihr Ränzchen über Bord geworfen. Ich jedoch nicht. Ich blieb gegenüber meinem Vorsatze standhaft, hatte Geduld und Ausdauer und trotz meiner Sorgen habe ich auch Vorliebe für gesellige Unterhaltungen gehabt.

Unser mehrere, Schüler der Technik, hatten einen Club, wo tüchtige Kneiper zusammen kamen. Der Vorstand war ein gewisser Fürst, gegenwärtig Oberingenieur der Südbahn, und ein gewisser Willner, jetzt Inspektor derselben Bahn. Mitglieder desselben waren Hauser, Bauunternehmer, ein reicher Mann, Schmidt, Schäfzick, Hasel, Rolland und Tobisch, mit den Spitznamen Barbier von Fünfhaus.

Obwohl Professor Stummer mir immer geneigt war und versprach, mich recht bald zur Nordbahn unterzubringen, so konnten diese Wünsche doch nicht sobald erfüllt werden weshalb ich mich entschloß, die Studien an der Akademie fortzusetzen. Ich ließ mich daher im Herbste 1844 wieder immatrikulieren, um den 2. Jahrgang dieses Kunstinstitutes zu hören. Hier fand ich meine früheren Collegen Hiese, Fröhlich, von Decret, Maresch, Zettl, und zwar um 1 Jahr voraus, wieder.

Anstellung bei Baron Sina

Als ich eines Tages nachdachte: „Wie lange wirst Du noch auf diesen hölzernen Bänken als bemoostes Haupt herumsitzen müssen?" und gerade einen italienischen Palazzo in Arbeit hatte, kam ein Bote vom Professor von Straßnitzky mit der Nachricht, ich möchte am folgenden Tage in seine Wohnung kommen. In der Hoffnung, eine gute Lektion zu erhalten, kam ich hin. Da machte er mir die Eröffnung, daß er für mich eine Anstellung wüßte. „Mit größtem Danke, Herr Professor," war meine Antwort, „nehme ich dieselbe an, wenn ich meine akademischen Studien werde fortsetzen können." „Ich hoffe, das wird sich machen lassen", war seine Antwort. „Gehen Sie morgen zu dem jungen Baron Sina mit meiner Karte, das Weitere werden Sie erfahren. Da dessen Vater große Bauten beginnen will, so benötigt er einen Techniker, der zu gleicher Zeit ein Praktiker ist, " fügte er noch bei. Für mich war diese Nachricht ein elektrischer Schlag. Zu einem Baron Sina, einem Griechen, einem Millionär!

Ich machte am nächsten Tage meine Toilette so gut als es meine damaligen Verhältnisse erlaubten, packte meine sämtlichen Zeugnisse zusammen und ging auf den Hohen Markt zu dem jungen Baron Sina. Als ich ihm vorgestellt wurde, begrüßte er mich sehr freundlich und schickte mich zu dem Baron Doblhoff, als damaliger Güterdirektor seines Vaters. Mit Zittern betrat ich das Büro des letzteren in der Voraussetzung, einem stolzen, unfreundlichen Manne gegenüberstehen zu müssen. Wie war ich in meiner Ansicht getäuscht! Ich fand einen alten, biederen großen Herrn, ein steirisches Pfeifchen im Munde vor mir sitzen, in einer Hand die Feder, in der anderen das Referat, dasselbe durchlesend. Als ich ihm einen Namen sagte, stand er auf und bemerkte freundlich: „Ah, Sie sind der Stauffer, von dem uns der Professor Schulz-Straßnitzky schon mehreres erzählt hat! Sie wohnen bei der Frau von Hainz? Wie geht es derselben?" Als ich ihm hierauf Antwort gab, nahm er meine Zeugnisse, sah sie durch und sagte: „Kommen Sie morgen und empfehlen Sie mich der Frau von Hainz." Am nächsten Abend erhielt ich die Nachricht, daß er bei der Frau von Hainz war und sich über mein Conduit erkundigt hat. Daß Hainz ihm die besten Auskünfte erteilte, stand außer Zweifel.

Ich besuchte wieder die Akademie, als ich am 17. Februar 1845 die Nachricht erhielt, ich möchte den nächsten Tag morgens in die Wohnung des alten Baron Sina kommen. Welche Angst und Hoffnung bis zu dem nächsten Morgen! Als derselbe da war, ordnete ich meine Studienzeugnisse, legte auch eines von meiner früheren Praxis bei und ging um 9 Uhr früh in die Wohnung des Barons Georg von Sina, welche sich am Hohen Markt 511/8 befand. Als ich in das Vorzimmer trat, fand ich mehrere Herren in demselben sitzen, welche über Geldangelegenheiten sprachen. Ach Gott, dachte ich mir, was bist Du für ein armer Wurm unter diesen vielen Geldmännern! Und wie wird der Baron Sina als Millionär aussehen! Ich stellte mich unweit der Eingangstür in eine Ecke, in der Absicht, wenn diese Herren weggegangen wären, mich anmelden zu lassen. Es vergingen nicht 5 Minuten, kam ein Diener durch eine Tür in das Vorzimmer, ging auf mich zu und fragte um meinen Namen. Es dauerte nicht lange, kamen 2 Herren aus dem Zimmer des Barons heraus und der frühere Diener rief nun meinen Namen. Die Herumsitzenden sahen mir nach, die Tür wurde geöffnet, und ich stand vor einem großen schönen Mann, dessen Haare silberweiß, dessen Augen feurig waren und dessen Nase und Kopf einen echt griechischen Typus erkennen ließen.

Ich hatte mein Bündel Zeugnisse in der Hand und machte mit Zittern meine Verbeugung. Sein freundlicher Empfang machte mir Courage. Ich wollte sprechen, er kam mir zuvor und sagte: „Sie sind der Stauffer? Sie waren bei dem Baumeister Hainz in der Praxis. Er war ein tüchtiger Mann." Als ich dies bejahte und meine Zeugnisse vorzeigen wollte, sagte er: „Es ist nicht notwendig, ich weiß alles." Er fuhr fort und sagte: „Sagen Sie mir, wie viel Ziegel benötigt man zu einem Kubik-Klafter Mauerwerk? Wieviel Kalk und Sand?" Als ich ihm diese Fragen beantwortete, ging er noch weiter und sagte: „Nicht wahr, den Baumeistern und ihren Polieren darf man nicht trauen? Man muß ihnen auf die Kappe sehen, besonders bei den Fundamentsabmessungen, wo sie mehr schreiben, als sie gemacht haben!" Als ich solche Worte vernahm, ging mir erst ein Licht auf. Ich sah, daß ich mit einem Manne zu tun habe, der in dem Baufache kein

Neuling mehr war und der weniger auf Zeugnisse als auf praktisches Wissen sah.

Nach langer Unterredung trug ich ihm meine Bitte wegen meines vormittägigem Besuches der Akademie vor, worauf er sagte: „Besuchen Sie vormittag Ihre Anstalt und nachmittags kommen Sie zu mir, wo ich Ihnen Ihr Arbeitszimmer anweisen und das Nähere mitteilen werde." Da ich am nächsten Tage seinem Auftrage nachkam, übergab er mir Pläne, welche von dem Architekten Lößl[13] verfaßt waren und welche für den Umbau des großen Federlhofes in der Stadt Lugeck Nr. 708 gehörten. Er sagte: „Machen Sie mir einen aproximativen Kostenanschlag für die Maurerarbeiten, damit ich ersehe wie hoch mich dieselben zu stehen kommen."

Ich war über diesen Auftrag verblüfft, da es nicht so leicht war, in einer so kurzen Zeit, wie er es wünschte, ein richtiges Resultat liefern zu können. Nach einer dreitägigen Anstrengung hatte ich meine Aufgabe gelöst. Ich überreichte dem Baron einen Kostenüberschlag von 84.000,- Gulden und nach drei Tagen schloß er mit dem Baumeister Grünn um 82.000,- Gulden ab.

Nach Erreichung dieses günstigen Resultates sagte er nach einigen Tagen zu mir: „Mein lieber Stauffer, Sie sind bei mir angestellt. Ich gebe Ihnen einen jährlichen Gehalt von 600.- Gulden und 200.- Gulden zum Neujahr. Sind Sie zufrieden? Sie können jeden Vormittag die Akademie besuchen und brauchen bis zur Vollendung Ihrer Studien nur die Nachmittage für mich verwenden."

Welche Überraschung für mich! 600,- Gulden Gehalt und 200,- Gulden Neujahrsgeld! Ich dankte für diese Gnade und versprach, mich derselben würdig zu zeigen.

Ich vollendete meinen Kurs in der Akademie und widmete meine Kräfte nun ausschließlich dem Hause Sina. Es war jetzt mein Wunsch, mein heißersehntes Ziel erreicht und ich dankte dem Allmächtigen, daß er mich auf dem dornenvollen Wege, den ich mit Mut und Ausdauer solange gewandelt bin, mit seiner göttlichen Gnade beschützt hatte.

Ich schließe hiemit den I. Teil meiner Erlebnisse. So Gott will, werde ich auch den II. beginnen und ich hoffe, in demselben erfreulichere Mitteilungen machen zu können. Zum Schluß noch einige Worte an meine lieben Kinder.

Sollten diese Notizen von Euch gelesen werden, so erinnert Euch, daß sie von Eurem Vater geschrieben wurden, welcher nicht das Glück hatte, Eltern zu besitzen, welche wohlhabend waren. Dieselben waren ehrlich und arbeitsam, aber arm. Sie konnten ihm keine höhere Ausbildung verschaffen, da ihnen alle Mittel hiezu fehlten. Alles, was er gelernt und erreicht hat, ist nur seinem offenen Vers-

---

[13] Franz Xaver Lößl (26.10.1801 Brünn – 25.3.1885 Mixnitz/Steiermark) baute als Architekt u. a. das alte Musikvereinsgebäude in den Jahren 1829/30 um.

tande, seinem Fleiße und seiner großen Ausdauer zuzuschreiben. Damit dies aber erreicht wurde, mußten ihn gute Leute unterstützen. Diese Letzteren waren die gute Frau von Hainz und der wohlhabende Baumeister Durnacher, welche beide in der kühlen Erde ruhen.

II. Teil

Wie ich schon früher bemerkte, wurde ich am 18. Februar 1845 bei dem Baron Georg von Sina als Bauingenieur angestellt. Derselbe gewährte mir meine gestellten Bedingungen, wonach ich die Vormittage für die Academie, die Nachmittage für sein Bureau benützte. Da zu der Zeit meiner Anstellung der Umbau des alten großen Federlhofes, Stadt, Lugeck No. 768, vom Baron beschlossen wurde, so hatte ich sehr viel zu tun, und es wurden daher meine Kräfte als Schüler und Beamter vollauf in Anspruch genommen.

Den Plan zu diesem großen Gebäude entwarf der Architekt Lößl, und ausgeführt wurde derselbe von dem Baumeister Grünn. Es wurde im Frühjahr 1845 begonnen und im Herbste 1847 vollendet. Mir oblag die Kontrolle und Revision der sämtlichen Arbeiten und die Revision der Professionisten-Rechnungen. Die Verdienstausweise der Geschäftsleute wurden vom Baron vidirt, wenn sie mit meiner Unterschrift versehen waren und sodann von der Hauptkassa beglichen. Dieses Vertrauen von Seite des Barons war für mich sehr ehrenhaft und hatte bei dem Leiter des Baues, dem Architekten Lößl, anfangs Eifersucht erweckt, worüber ich aber gleichgültig hinausging.

Bei der Demolierung des alten Federlhofes war man allgemein der Ansicht, daß sich historische Gegenstände vorfinden würden, was aber leider nicht der Fall war. Außer einer goldenen Denkmünze in der Größe eines Dukatens, welche mit dem Ritter St. Georg geziert war, zwei steinernen Wappen und einer steinernen Inschrifttafel aus dem Jahre 1400 wurde nichts gefunden. Es wäre nur noch zu erwähnen, daß ein steinerner Hirschkopf bei der Demolierung des alten Federlhofes unter dem alten Material vorgefunden wurde, welchen man schon bei dem Bau desselben, d. i. vor dem Jahre 1400 als Baumaterial verwendet hatte. Diesen habe ich ebenfalls wieder in einer Fundamentsmauer als Ira-Bruchstein vermauern lassen. Sollte der jetzige Federlhof durch den Zahn der Zeit zur Demolierung kommen, so werden bei Zerstörung desselben den obigen Hirschkopf wahrscheinlich finden. Sie würden aber staunen, wenn sie wüßten, daß derselbe schon vor dem Jahre 1400 dem alten Federlhofe als Baumaterial gedient hatte.

Was die zwei steinernen Wappen und die genannte steinerne Inschrifttafel betreffen, so habe ich dieselben bei dem Neubau anbringen und in der linken Wandfläche der Einfahrtmauer gegen den Stallhof einmauern lassen. Dieselben sind sichtbar und die Inschriften können gelesen werden. Die alte steinerne Dreifaltigkeit, welche im alten Federlhofe an der Ecke des Lugecks und der Bischofstraße im I. Stocke gestanden hatte, habe ich ebenfalls an der rechten Wandfläche der vorigen Einfahrt einmauern lassen.

Aus den Wappen und der Inschrifttafel wurde im Heraldischen Kabinette erhoben, daß der alte Federlhof im Jahre 1400 an einen Ritter von Federl überging, woher das Haus wahrscheinlich den Namen Federlhof erhalten hatte. Dieser hatte daher bei der Demolierung ein Alter über 400 Jahre – somit der obengenannte Hirschkopf bei der künftigen Demolierung des Hauses wahrscheinlich über 800 Jahre alt sein dürfte.

An dem Neubau wurde mit voller Kraft gearbeitet, damit er recht bald der Benützung übergeben werden könne. Da der Baron 16 Häuser in Wien, mehrere in Budapest in Arad und Szegedin und bei 40 Güter in allen Kronländern hatte, so mußte ich auch die sämtlichen Baulichkeiten dieser Realitäten besorgen, wofür er mich so manchmal mit einem Extra-Honorar von 100,- Gulden bedachte. Hiedurch wurde mein Fleiß und meine Anhänglichkeit an das Haus Sina nur noch mehr gesteigert und ich dachte an nichts anderes, als meine akademischen Studien bald vollendet zu sehen und die Wünsche meines Brotherrn bestens zu befriedigen.

Das Schuljahr ging zu Ende und ich erhielt ein gutes Zeugnis. Im Herbste ließ ich mich in den 2. Jahrgang einschreiben. Zu derselben Zeit lehrten die Professoren Sicardsburg und van der Nüll. Nobile[14] war Direktor und Killian Corrector.

Da im Winter wenig auf dem Baue zu tun war, so verwendete ich denselben für meine Akademie und ich machte auch in diesem Jahre gute Fortschritte. Ich erhielt zwar keine Vorzugsklassen, wie in der Technik, da ich zwei Herren nicht zugleich dienen konnte, aber immer Zeugnisse mit I. Classe, welche mir keine Unehre machten.

Als der Baron Sina mit seinem Freunde Baron Doblhoff im Jahre 1846 die Reise nach Preßburg zum Landtage machte, nahm er mich mit und schickte mich nach Pest und auf seine ungarischen Güter. Hier lernte ich zum ersten Male das Land und dessen Bewohner kennen. Anfangs habe ich mich unter denselben nicht heimlich befunden, da mich die Sina'schen Beamten kalt und unfreundlich empfingen. Als sie aber meine brieflichen Aufträge von dem Baron sahen, benah-

---

[14] Der Architekt August Sicard von Sicardsburg (6.12.1813 Pest – 11.6.1868 Weidling/NÖ) wurde 1835 Assistent am Polytechnikum und assistierte zeitweise auch seinem Lehrer Peter von Nobile (11.10.1774 Tesserete bei Campestro/Schweiz – 7.11.1854 Wien; führender Architekt des Spätklassizismus in Wien und ab 1819 Direktor der Architekturabteilung an der Wiener Akademie). 1843 wurde Sicardsburg Professor an der Wiener Akademie. Gemeinsam mit seinem Partner Eduard van der Nüll (9.1.1812 Wien – 4.4.1868 Wien) prägte Sicardsburg entscheidend die österreichische Baukunst des spätromantischen Historismus und beeinflusste durch seine Schüler auch die Entwicklung der zweiten Jahrhunderthälfte. Sein wichtigstes Werk mit van der Nüll war die Wiener Staatsoper (1861-69).

men sie sich mit der größten Zuvorkommenheit gegen mich und ich habe sodann angenehme Tage in ihrer Mitte verlebt. Nach sechswöchentlichem Aufenthalte in Ungarn kehrte ich nach Wien zurück und fand Arbeiten von allen Seiten vorbereitet.

Zu dieser Zeit kam mein Bruder Ferdinand nach Wien und da er ein ausgelernter Maurer war, so konnte ich ihm bei mir Arbeit geben. Er beschäftigte sich längere Zeit als Maurer bei dem Federlhofbau und wurde später vom Baron Sina zum Aufseher und Materialübernehmer ernannt. Dies ergab die Grundlage zu seiner heutigen Existenz. Ohne mein Zutun wäre er wahrscheinlich der Zukunft meiner übrigen Geschwister entgegen gegangen.

Ich hatte in diesen Jahren meine Mutter nach Wien genommen in der pietätvollen Absicht, sie bei mir zu behalten, um ihr und meinen Geschwistern eine bessere Existenz zu verschaffen. Leider mußte ich dieses Vorhaben bald aufgeben, da sich weder meine Mutter als Landweib in Wien wohlbefand, noch ich diejenige Pflege und Ordnung hatte, welche ich mir von einer solchen häuslichen Hand vorstellte. Sie zog sich daher zurück nach Groß-Weikersdorf, wo sie sich bei ihren 2 Weingärten und mit meiner monatlichen Zulage recht wohl befand.

Zu derselben Zeit war ich 28 Jahre alt, hatte als Baron Sina'scher Bauingenieur ein hübsches Einkommen und in dieser Stellung Gelegenheit, in verschiedene Häuser zu kommen, wo junge Männer nicht ungern gesehen wurden. Besonders wurde ich in den Häusern der concurrirenden Geschäftsleute Salorg, Tobes, Markert etc. freundlichst aufgenommen, wenn ich in Geschäftsverbindung zu tun hatte. Namentlich das Haus Markert, in welchem sich ein hübsches, gebildetes Mädchen, Schwester des jetzigen Tischlermeisters Markert befand, zog mich sehr an. Ihre Jahre dürften 21 gewesen sein, daher den meinigen vollkommen entsprochen hätten. Und doch hatte ich zu der Zeit noch keine bestimmte Absicht für ein eheliches Hauswesen, weil ich nicht wußte, welche Mitteln hiezu notwendig wären und weil ich wahrscheinlich die reine und wahre Liebe noch nicht fühlte. Ich kam daher in das Markert'sche Haus nur in geschäftlicher Beziehung, hatte mit der Armen, welche zum Kränkeln anfing jeden weiteren Verkehr unterlassen und später erfahren, daß sie einem Manne ihr Herz geschenkt, die eheliche Trauung am Totenbette empfangen und sodann an einem Lungenleiden ihr Dasein beschlossen hatte.

Durch das öftere Zusammenkommen mit diesem armen Wesen, wurde der Keim der Liebe erweckt und ich fing an, eheliche Gedanken zu bekommen und mich für ein häusliches Glück zu interessieren.

Verlobung mit Caroline Willner

Es war im Sommer 1846, als ich gedankenlos durch die Kärntnerstraße schritt, wo mir der Bruder meines ehemaligen Mitschülers Rudolf Willner, Anton[15], begegnete und mir ein hübsches junges Mädchen als seine Schwester vorstellte. Dieselbe besuchte mit ihrem Vater, dessen Domizil Gröschelmauth in Mähren war, ihre Brüder, um zugleich die gepriesene Wienerstadt und die blaue Donau kennen zu lernen. Mein erster Blick richtete sich auf das liebliche Mädchen, welches auf mich elektrifizierend einwirkte. Ihre feurigen Augen, ihre strotzende Gesundheit und ihr jugendliches Aussehen machten auf mich einen überwältigenden Eindruck; und doch hatte ich damals noch keine Ahnung, daß sich in diesem Momente 2 liebende Herzen zusammengefunden haben. Ich verließ nach Austausch mehrerer freundlicher Worte das Geschwisterpaar und ging meinem Wege gegen die Wieden zu. Ich warf ihr noch einen Blick aus der Ferne nach und behielt mir das Bild dieser Anmutigen in meinem Gedächtnisse. Von dieser Stunde war der Plan zu meinem häuslichen Herde entworfen und ich arbeitete unausgesetzt, bis derselbe zur Reife kam.

Zu dieser Zeit führten mich meine Amtsgeschäfte nach Preßburg, wo ich als Administrator der Sina'schen Häuser zu tun hatte. Obwohl ich mich sonst gerne auf einige Tage von Wien entfernte, so fühlte ich mich diesmal von einer unbekannten Kraft zurückgehalten. Da aber der Beruf allem übrigen voranging, so trachtete ich, meine Geschäfte schnell abzuwickeln, um recht bald wieder in Wien zu sein. Mein erster Gang nach meiner Rückkunft galt dem Besuche Willners, da ich wußte, daß sich seine Schwester bei ihm befand. Dieselbe war auch bei ihm zu Hause. Sie stellte mich ihrem Vater vor und ich unterhielt mich mit diesem kräftigen, gutmütigen Manne bestens, da er auf mich einen sehr sympathischen Eindruck machte. Nach einer Weile wurde beschlossen, einen Spaziergang zu machen und sodann am Wasserglacis die Jause zu nehmen. Es spielte gerade die Musikkapelle und die Zeit verging unter den angenehmen Klängen sehr schnell, obwohl sich die hübsche Lotti, so war der Name des Mädchens, noch sehr schüchtern benahm. Der nächste Tag wurde von den Gästen zur Rückreise nach Gröschelmauth bestimmt. Ich begleitete dieselben in Gemeinschaft des Mitschülers Hauser auf den Ferdinand-Nordbahnhof, wo ich das anmutige Mädchen nach einem festen Händedrucke verließ und sie erst im nächsten Frühjahr, d. i. im Jahre 1847 in dem Haus ihres Vaters wieder sah. Ich hielt mich bei Letzterem zwei Tage auf und diese Zeit war hinreißend, um unser stummes Verhältnis in ein intimes zu verwandeln. Ich eröffnete dem schlichten Mädchen den Heiratsantrag, welcher auch im bejahendem Sinne erwidert wurde. Ich

---

[15] Anton Willner (1828 Gröschlmauth – 30.4.1887 Wien) Hof- und Gerichtsadvokat. Durch seine Heirat mit Maria Mautner von Markhof (5.11.1836 Smiřitz/Böhmen – 20.12.1906 Wien), der Tochter des Unternehmensgründers Adolf Ignaz, gehörte er einer der wichtigsten Industriellenfamilien der Monarchie an.

drückte der Lotte bei meiner Abreise einen Kuß auf die Stirne und verließ Gröschelmauth in der aufrichtigsten Absicht, das Mädchen auf dieser Welt nicht mehr verlassen zu wollen.

Als ich in Wien ankam, fand ich viele Arbeiten unerledigt und ich arbeitete mit angestrengter Kraft, um mir die Gunst meines Herrn zu erhalten und meiner Teuren ihr eheliches Glück so angenehm als möglich zu bereiten. Da ich viel zu tun hatte, so ersuchte ich den Baron um eine Aushilfe und es wurde mir mein Bruder Ferdinand als Bauaufseher zugeteilt.

Obwohl ich durch den Umgang mit Willner erfahren hatte, daß sein Vater viele Kinder hat, daß er ihnen wohl eine gute Erziehung aber kein Vermögen zurücklegen konnte, so ließ ich mich dennoch von meinem gefaßten Vorhaben nicht abbringen, sondern zeigte durch Correspondenzen der lieben Lotte an, daß sie sich auf ihren künftigen ehelichen Stand vorbereiten könne und daß sie alles Weitere mir überlassen wolle.

Da ich von meiner frühesten Jugend an zu sparen gewohnt war, so fiel mir dasselbe nicht schwer. Ich legte mir nicht nur von meinem Gehalt einen Theil zurück, sondern meine Neujahrsgelder und die Geschenke des Barons kamen in die Sparkasse. Mein Gehalt betrug damals jährlich Gulden 600,-, das Neujahrsgeld Gulden 200,-. Während des Baues des großen Federlhofes erhielt ich von dem Baron ein separates Geschenk von Gulden 100,- und bei Vollendung desselben Gulden 500,-. Ich hatte dennoch zur Zeit meiner Brautfahrt ein kleines Kapital von Gulden 900,-, welches mir Muth und Courrage zu einer ehelichen Verbindung einflößte. Ich hatte daher nicht notwendig, nach einem Mädchen zu suchen, welches Vermögen hatte, sondern nach einem, welches meiner socialen Stellung angemessen und mir mit Liebe zugetan war.

Mein ganzes Sinnen und Denken ging damals dahin, daß mir der Baron meine Heiratsbewilligung gebe, da ohne derselben meine Wünsche unerfüllt geblieben wären. Ich versah daher meine Arbeiten mit dem größten Fleiße, erhielt dadurch das Vertrauen des Brotherrn und erhielt von demselben Zugeständnisse, welche mir später sehr nützlich waren. Er wurde mir derart geneigt, daß er mich bei seinen Bekannten, welche in Bauangelegenheiten Rath benötigten, öfter anempfohl, wodurch ich ein Nebeneinkommen erzielte.

Auf diese Art empfahl er mich bei dem Grafen Hoyos, als derselbe den Lazzenhof umbaute, bei dem Herrn von Kendler, als er sein Haus in der Wipplingerstraße ankaufte und renovierte, bei dem Baron Popp in ähnlicher Angelegenheit und bei der Frau v. Zettyze, als dieselbe ihre Häuser renovierte. Alle die Aufträge habe ich zur größten Zufriedenheit der Betheiligten ausgeführt, wodurch ich ein Nebeneinkommen von ca. Gulden 600,- erhielt.

Auf einen solchen Auftrag erinnere ich mich noch heute mit größtem Vergnügen. Graf Hoyos stellte nach der Vollendung seines Baues an mich das Ansuchen, ich wolle ihm bei der nunmehrigen Vollendung seines Lazzenhofes die Zinsfassion entwerfen und die Zinse angeben, welche bei der Vermietung erreicht werden könnten. Er machte zugleich die Bemerkung, ich möchte ihm reinen Wein einschenken, damit er nicht wie, bei dem Bau, getäuscht werde. Da mein Bestreben von je her war, der Wahrheit die größtmöglichste Rechnung zu tragen, so ließ ich mich auch diesmal von meinem Grundsatze nicht abbringen, sondern präliminierte ein Zinserträgnis von ca. Gulden 40.000,- CM und übergab dasselbe dem Grafen zu seinem weiteren Gebrauche. Als er die einzelnen Mietzinse durchsah, schmunzelte er mich an und sagte: „Herr Stauffer! Mir scheint Sie wollen mir eine Freude machen." „Nicht nur eine Freude Herr Graf, sondern eine Zinsfassion, nach welcher Sie recht gut Ihre Gewölben und Wohnungen vermieten können." Nach Einhändigung eines Honorares von Gulden 300,- dankte er mir für meine Arbeiten und versprach, meine Dienste weiter zu benützen, wenn er derselben benötigt. Letzteres geschah nicht mehr. Einmal begegnete er mir auf der Gasse, blieb stehen und sagte: „Sni grogod, ich habe Ihre präliminierten Zinse nicht nur erreicht, sondern dieselben gingen bei einigen Localitäten noch höher hinauf. Ich danke Ihnen nochmal für Ihre gründliche Arbeit." Nach dieser Abschweifung muß ich wieder auf meinen früheren Gegenstand zurückkommen.

Meine Braut besuchte im Frühjahr 1847 ihre Schwester in Brünn, deren Gemahl Ingenieur bei der k. k. Statthalterei war, und ich überraschte dieselbe eines Sonntages in dieser Stadt. Im Laufe des Tages gingen wir beide zusammen auf den Franzensberg, bei welcher Gelegenheit ich ihr meine unbegrenzte Liebe versprach und ihr mein Portrait in Form einer Daguerreotypie, welche nicht besonders gut war, übergab. Bei dieser Gelegenheit habe ich dem guten Mädchen mein Versprechen, es glücklich zu machen, abermals zugesagt und deren Vater zur Zustimmung der ehelichen Verbindung schriftlich gebeten. Mit der liebenswürdigsten Zuschrift hatte er hiezu seine Einwilligung gegeben und somit stand uns von dieser Seite kein Hindernis entgegen.

Als ich jetzt bei dem Baron von Sina um meine Heiratsbewilligung ansuchte, fragte er: „Haben Sie eine Braut?" Da ich seine Frage bejahte, so sagte er auffallend: „Schau, schau, ich hätte für Sie auch eine gewußt." Ich dankte für sein besonderes Wohlwollen mit der Bemerkung, daß ich schon eine habe und daß ich hoffe, mit derselben recht glücklich zu werden. Hierauf erteilte er mir die Heiratsbewilligung, welche ich umgehend meiner lieben Lotte bekanntgab.

Zu dieser Zeit war ich begierig zu erfahren, wer denn die rekommandierte Braut sei. Ich erfuhr, daß es die Ziehtochter der Frau von Mallenitzer, der Schwägerin des Barons, war. Das Mädchen war schwach, brünett, hatte sich später mit einem ungarischen Gutsverwalter verehelicht, genoß aber ihr Glück nicht lange, da sie frühzeitig nach ihrer Verehelichung starb.

Hochzeit am 26. Oktober 1847

Da jetzt für eine Wohnung gesorgt werden mußte, so suchte ich nach einer solchen, welche meinen Verhältnissen anpassend war. Ich fand eine solche auf der Wieden, Hauptstrasse im Lang'schen Hause, vis a vis der goldenen Kugel, wo meine Gönnerin, die Frau von Hainz, wohnte. Ich stattete dieselbe so gut als möglich aus, um meiner künftigen Lebensgefährtin ihr Heim recht angenehm zu machen. Damit aber Letzteres in Erfüllung gehen konnte, mußte ich auf eine baldige Verehelichung trachten. Ich besorgte daher die notwendigen Dokumente, die komplette Wohnungseinrichtung, das Brautkleid und den Brautschmuck, welcher zwar einfach war, aber der guten Lotte doch Freude machte und bestimmte den 26. Oktober 1847 zu unserer Trauung. Da Gröschlmauth der Geburtsort meiner Braut war und ihr Vater in diesem Orte domicilierte, so wurde die Pfarre Paulitz, wohin Gröschlmauth gehörte, als diejenige bestimmt, in welcher der Trauungsakt vollzogen werden mußte. Die Zeit zur Trauung rückte heran und ich reise am 23. Oktober 1847 zu meiner Braut nach Gröschlmauth.

Frühmorgens, bevor ich meine Wohnung verließ, überraschte mich der Bediente des Baron mit einem Briefe, welcher Gulden 300,- CM und einen Glückwunsch zu meiner Verehelichung enthielt. Ich dankte dem guten Baron noch schriftlich vor meiner Abfahrt, eilte sofort zur Nordbahn und fuhr nach Gröschlmauth, wo ich mit Sehnsucht erwartet wurde! Nach herzlicher Begrüßung und Umarmung plauderten wir bis spät in die Nacht hinein, wozu die Schwestern und die Cousine Hainzl den Stoff hiezu gaben.

Am nächsten Tag früh morgens fuhr ich mit dem Schwiegervater und dem Schwager Franz, welcher bei dem Grafen Chotek in Ramenschitz Wirtschaftsdirektor war, nach Gössing zum Fischfang, welcher mich wegen seiner Mannigfaltigkeit sehr überraschte. Die Ausbeute war sehr groß und es wurden viele Zentner Karpfen und Hechte gefangen. Der Direktor Wolf, welcher bei der Arbeit beschäftigt war, machte mir einen achtpfundigen Hechten zum Präsent, welcher nach Zubereitung in Gröschelmauth, mit Wohlgefallen vertilgt wurde.

Der Vortag unserer Trauung ging wieder im Kreise der Angehörigen und Verwandten gemütlich vor sich. Ich besprach mich während desselben mit meiner lieben Lotte über unsere künftigen Verhältnisse, beruhigte sie wegen ihrer Zukunft und drückte ihr vor dem Schlafengehen einen Kuß auf die Stirn, und verließ sie bis zum nächsten Morgen mit der Sehnsucht, daß ich sie als mein liebes Weibchen umarmen könne.

Der Tag kam heran, wo uns der Priester mit dem Bande der Ehe umschlingen sollte, uns für immer zu vereinigen. Es war der 26. Oktober 1847, wo uns der Pfarrer Hempel, mit seiner Umgebung, in der Kirche erwartete. Nach Vollendung der schriftlichen Formalitäten, vollzog er die Trauung, bei welcher Direktor Wolf und Burggraf Raada von Hosting als Beistände fungierten und der Schwiegervater und dessen Angehörige, als Zeugen anwesend waren.

Bei dieser Gelegenheit erinnere ich mich auf einen Act, wo ich auch heute noch lachen muß. Es ist dort in Mähren Sitte, daß der Priester nach der Trauung mit der Braut einen Rundgang in der Kirche macht, während der Bräutigam beim Altar zu verbleiben hat. Da ich diese Gebräuche nicht kannte, so wollte ich auf dem halben Wege meiner Braut entgegen gehen. Ich wurde von den Anwesenden zurückgehalten und stillschweigend ausgelacht.

Nach Vollendung der Trauung fuhren wir retour zum Schwiegervater nach Gröschelmauth, wo uns ein Hochzeitsmahl in großartigen Style, erwartete. Bei diesem wurde gegessen, getrunken und gelacht, und als der erste Toast den Neuvermählten galt, wollte der Jubelsturm kein Ende nehmen. Ich entgegnete diesem Freudenstrom mit einem neuen Glase, worauf die Glückwünsche aus allen Ecken kamen.

Der nächste Tag war zu unserer Abreise nach Wien bestimmt. Die guten Schwestern halfen zum Einpacken, der gute Vater gab uns seine Fahrgelegenheit und so verließen wir am 27. Oktober 1847 abends, nach Empfang des väterlichen Segens, die Geburtsstätte meiner lieben Lotte, und kamen am nächsten Tag in Wien an, wo uns mein Bruder Ferdinand und Schwager Rudolf, mit Freuden erwarteten. Der Empfang, sowie die nette Wohnung machten auf meine Lotte einen wohltuenden Eindruck.

In den ersten Tagen hatten wir mit dem Ordnen der Wohnung und mit dem Einkaufe mehrerer Gerätschaften zu tun. Die nächsten Tage galten den Besuchen der Verwandten in Wien und meiner alten Mutter auf dem Lande. Letztere besuchten wir an einem Sonntag in Groß-Weikersdorf, wo sie über unseren Besuch und über meine junge, hübsche Frau, ihr Erstaunen ausdrückte. Sie gab uns als schlichtes Landweib das Versprechen, nachdem sie materiell nichts tun kann, daß sie für unser ferneres Glück beten wolle.

Während unserer Flitterwochen ist meiner guten Lotte ein Malheur passiert, welches üble Folgen hätte nach sich ziehen können. Die Arme hatte ein blaugetupftes Kleid, welches ihr sehr gut stand. Eines Tages gab sie dasselbe zur Wäsche und sodann zum Ofen zum trocknen. Während der Zeit ging sie mit der Dienstmagd in die Stadt und nach vollendeten Geschäften wieder nach Hause. Welches Entsetzen beim Eintritt in das Zimmer! Statt dem Kleide fand sie ein Bündel Zunder und der Sessel, auf dem es zum Trocknen war, gab einen Brennstoff zum Einheizen. Das Kleid war weg, die Arme war untröstlich und hatte Angst bei der Mitteilung dieses Unfalles. Ich beruhigte sie, machte auf Vorsicht aufmerksam und kaufte ein Neues und beruhigte sie wegen ihrer ausgestandenen Ängste.

Es nahte der Herbst heran, der Winter war bald da, und wir erhielten Besuche von unseren Verwandten und Bekannten. Nach den Besuchen der Bekannten kamen die Schwestern und sodann der Schwiegervater. Dieser war sehr erfreut über unser niedliches Heim, über unseren bescheidenen Haushalt und über unser fröhliches Zusammenleben. Nach einigen Tagen verließ uns derselbe, und schickte uns seine jüngere Tochter nach Wien, mit welcher wir mehrere Hausunterhaltungen und Bälle mitmachten. Während dieser Wonnemonate überraschte uns eine andere Freude. Ich hatte bis zu meiner Verehelichung Fl. (Gulden) 600,- Jahresgehalt, und Fl. 200,- Neujahrsgeld. Als ich am 1. November 1847 meinen Monatsgehalt erhob, gab mir der Kassier statt Fl. 50,-, Fl. 100,-. Da ich bemerkte, daß ich zuviel erhalte, sagte er ganz kurz: „Nehmen Sie das Geld und bedanken Sie sich beim Baron." Ich konnte diesen Worten kaum Glauben schenken, nahm das Geld, ging zu dem Baron und dankte für die großmüthige Gehaltserhöhung. Er dehnte seine Großmut noch weiter aus. Zum kommenden Neujahr, welches das Griechische war, erhöhte er mein Honorar von Fl. 200,- auf Fl. 300,-, und gab mir das Versprechen, daß er für meine Zukunft sorgen werde.

Mit diesem jährlichen Einkommen von Fl. 1.500,- setzte er mich in die Lage der Glücklichen und ich dankte der Vorsehung, daß sie mich mit einer solchen Gnade bedacht hat. Es begann daher der Anfang unserer Wirtschaft ganz vorteilhaft. Da die Lebensmittel billig waren, der Haushalt klein war, so konnten wir uns bei unserer einfachen und sparsamen Wirtschaft ein Drittel unseres Einkommens zurücklegen. Dieses Prinzip, obwohl nicht in den obigen Verhältnissen, habe ich auch später beobachtet. Mein Grundsatz war von jeher, „weniger ausgeben als einnehmen."

Der Winter von dem Jahre 1847 bis zum Jahre 1848 verging schnell, und ich beschäftigte mich außer meinen Amtsstunden, mit dem Lesen von technischen- und politischen Zeitschriften. Da ich zur Zeit zu dem Sohne des Barons Sina, d. i. mit dem Baron Simon, freien Zutritt hatte, so hatte ich auch Gelegenheit, in seine Bibliothek zu kommen, wo ich so manche politische Zeitschriften, welche für gewöhnliche Leute verboten waren, fand. Ich blätterte eine nach der anderen durch und verschlang deren Artikeln mit einer außerordentlichen Hastigkeit; besonders wenn sie in Kurranders Grenzboten enthalten waren.

Revolution 1848

Die später eingetretenen Unruhen in Paris, die Debatten in der Prager Rathausstube und die gährende Bewegung in dem Wiener Gewerbeverein, ließen auf baldige herankommende Stürme schließen. Fürst Metternich, als Leiter des österreichischen Staates, war nicht mehr im Stande, mit dem bisherigen Absolutismus noch länger zu regieren; er mußte der Freiheit Platz machen und dem einbrechenden Gewitter weichen.

Der Geist der Aufregung wurde zuerst in dem niederösterreichischen Gewerbeverein, dessen Protector S. k. k. Hoheit Franz Karl, Bruder Sr. Majestät Kaiser Ferdinand war, verspürt. In Gegenwart des Ersteren wurde eine Adresse beschlossen, welche nichts weniger als eine Constitution begehrte. Erzherzog Franz Karl soll dieselbe Sr. Majestät selbst unterbreiten.

Während dieser Zeit, hielten auch die Wiener Studenten auf der Aula ihre politischen Versammlungen. Ihr Zweck war kein anderer, als jener des Wiener Gewerbevereines, nur mit dem Unterschiede, daß derselbe gestellt wurde. Nach der Ansicht der Studenten, war die Zeit des alten Systems abgenützt, und ein neues, im freiheitlichen Sinne herangerückt. Es wurde daher am 12. März 1848 eine allgemeine Versammlung in der Aula abgehalten und das Nähere über ihr Vorgehen beschlossen.

Es war gerade an einem Sonntag, wo ich und meine Lotte bei dem Mittagmahl saßen. Mein jüngerer Schwager, Anton Willner, Jurist des zweiten Jahrganges, stürmte herein und machte die Mitteilung, daß es morgen in dem ständischen Hause losgehen sollte. Auf meine Frage, woher er das wisse, erzählte er uns den ganzen Vorgang und bemerkte, daß sich heute die Studenten verpflichteten, für Freiheit und Recht mit ihrem Leben einzustehen. Obwohl meine Gesinnung seiner Mitteilung nicht entgegenstand, so ermahnte ich doch zur Mäßigung und Vorsicht und stellte ihm die Lage vor, was im Falle des Mißlingens geschehen könnte.

Der 13. März kam heran und die Witterung war von dem himmlischen Vater bestens begünstigt. Das Gras grünte am Glacis, die Knospen der Sträucher und Bäume hatten ihren Winterschlaf durchgemacht und die Düfte der Luft erquickten die aufgeregten Geister. Früh morgens war schon der ganze Universitätsplatz und die Aula von den Studenten und anderen politischen Persönlichkeiten besetzt und jedermann sah dem Erfolg des Tages mit Bangen entgegen.

Nachdem die Stände im Landhause versammelt waren wurde beschlossen, dahinzuziehen, denselben wegen Verleihung einer Constitution eine Adresse vorzulegen und sie zu verhalten, daß sie seiner Majestät unterbreitet werde. Es war 11 Uhr vormittag, als das Volk in Scharen dem Landhause zuströmte, und sich in- und außerhalb postierte. Der Troß der Studenten und der Parteiführer rückte nach. Die Letzteren hielten feurige Reden und parlamentierten mit den Ständen. Unter den Rednern machte sich Dr. Adolf Fischhof und Dr. Goldmark besonders bemerkbar. Ersterer stand in dem Inneren des Landhauses auf dem Balkon, hielt eine stundenlange Anrede und harangierte das Volk zur energischen Ausdauer. Dasselbe jauchzte ihm aus allen Winkeln mit Jubel zu.

Ich befand mich zu derselben Zeit auch im Inneren des Landhauses, in einem Gang des I. Stockes und beobachtete die Reden mit einer spannenden Aufmerksamkeit. Es war 1 Uhr mittags und noch immer kein Resultat der Unterhandlung. Infolge wurde das Publikum immer unruhiger und der Lärm immer größer. Auf einmal hörte man das Pochen und Schlagen an den Türflügeln und Fenstern und das Klirren der Glasscheiben von den Letzteren. Das Zeichen zum Losgehen war gegeben, und die größte Aufregung bemächtigte das Volk.

Als ich diese Verwirrung bemerkte, dachte ich an meine arme Lotte. Ich suchte den kürzesten Ausweg, um zu derselben zu gelangen, was aber unter Tausend von Menschen, nicht so leicht möglich war. Auf einmal hörte man rufen: „Militär rückt heran, auf zu den Waffen." Es währte nicht lange und dasselbe postierte sich von Außen des Landhauses, drang in das Innere und suchte, das Volk zu bewegen, gutwillig abzuziehen. Als dasselbe Widerstand leistete, krachte es an mehreren Orten und Opfer für Freiheit sind gefallen.

Ich weiß heute noch nicht, wie und auf welche Art ich unter dem Gewühle von Tausenden herauskam. Ich eilte durch die Herrengasse gegen die Wieden und sah, wie sich alles aus der Stadt entfernte und wie die Fiaker im größten Galopp den Vorstädten zueilten. Meine arme Lotte, erst 5 Monate verheiratet, erwartete mich mit Angst und Bangen. Ich kam endlich um 3 Uhr an, fiel ihr um den Hals und beruhigte sie mit der Bemerkung, daß ich noch lebe und kein Opfer der Freiheit geworden bin. Nach einigen harten Worten, mit welchen sie meine Unbesonnenheit strafte, beruhigte ich ihr Gemüt und dankte der Vorsehung, daß ich aus der schrecklichen Affaire glücklich herauskam.

Der kommende Abend und die folgende Nacht setzte die Bewohner von Wien in die größte Aufregung, da das Läuten mit den Kirchturmglocken und das Pochen an den Haustoren kein Ende nehmen wollte. Diese Unruhen wirkten auf das Gemüth meiner Lotte sehr nachteilig, da die Mutterfreuden seit Monaten in Sicht waren und die Arme ohnehin, im Verhältnis zu anderen Frauen, sehr viel zu leiden hatte. Der größte Lärm wurde durch die heranziehenden Fabriksarbeiter, welche mit aller möglichen Werkzeugen bewaffnet waren, veranlaßt.

Der nächste Morgen, der 14. März, kam heran und kein Mensch konnte den Ausgang dieser Unruhen ermessen. Die Luft war mit allen möglichen Gerüchten geschwängert, jeder Ort war mit neugierigen Menschen besetzt und man fragte sich, was wird der morgige Tag bringen, da Militär von allen Seiten heranzog.

Ich ging an diesem Tag vormittag aus der Stadt, wo mir im schnellen Tempo der Professor Schulz von Straßnitzky nachkam. Als mein ehemaliger Professor und Protektor sprach er mit mir über die Ereignisse ganz offen, woraus ich entnahm, daß sich seine freiheitlichen Gesinnungen nicht im geringsten geändert hatten. Als ich bemerkte, daß ich für die Studenten und namentlich für meinen Schwager, den Juristen Willner, sehr große Besorgnis habe, sagte er ganz offen: „Seien

Sie beruhigt, nichts geschieht ihnen; Dr. Bach[16] ist der Agent." Wir empfahlen uns nach langem Gespräche und sahen uns erst wieder, als der Fürst Windischgrätz[17] sein Schwert über die Stadt Wien walten ließ.

Der Nachmittag und die Nacht gingen vorüber und kein Mensch konnte bestimmen, was durch die Volksführer während dieser Zeit erreicht wurde. Endlich kam der Nachmittag des 15. März 1848 heran. Das Gerücht von der Verleihung einer Constitution wurde lautbarer und das Volk sah derselben mit Aufregung entgegen. Es dauerte nicht lange und wie mit einem Donnerschlage hallte es in allen Ohren. „Eine Constitution, der gute Kaiser Ferdinand, welcher auf sein Volk nicht schießen ließ, hat alles bewilligt." Da ich mich von der Wahrheit dieses Gerüchtes genau überzeugen wollte, so ging ich von der Wieden in die Stadt und sah, wie alle Plätze, Gassen und Strassen von den Menschen überfüllt waren. Am Stephansplatz unter Tausend von Menschen, sah ich einen geharnischten Ritter, hoch zu Pferd, aus voller Kehle rufen: „Eine Constitution ist verliehen, hier schwarz auf weiß, hoch dem gütigen Kaiser Ferdinand."

Dieser edle Ritter war der Graf Bräuner[18], Besitzer der schönen Herrschaft Grafenegg in Niederösterreich, Vater des jetzigen Grafen. Welcher Contrast zwischen diesem und den jetzigen Volksvertretern Schwarzenberg, Lobkowitz etc. Dort Liebe zum Volk und zur Freiheit, hier Reaktion und Finsternis in ihrer Partei.

Die Flitterwoche war jetzt da, das Volk jauchzte und jubelte und Baron Pillersdorf[19] führte als constitutioneller Minister die Zügel der Regierung. Zu derselben trat auch Stadion[20] und so wurde diesen Patrioten, wegen ihren freiheitlichen Gesinnungen, das größte Vertrauen vom Volke entgegengebracht. Während dieser Zeit blieb auch die Reaktion nicht untätig. Die Camarilla und ein Teil des Militärs konnten ihre früheren Vorrechte nicht vergessen und so traten Erscheinungen zu Tage, welche wieder böse Tage prophezeiten. Dieselben ließen auch wirklich nicht lange auf sich warten.

---

[16] Alexander Freiherr von Bach (4.1.1813 Loosdorf – 13.11.1893 Schloss Schöngrabern/NÖ) war Politiker und Rechtsanwalt in Wien. 1848 stand er als Gegner Metternichs auf der Seite der Revolutionäre, um ab 1849 verschiedene Ministerämter zu bekleiden. Er prägte den Neoabsolutismus entscheidend mit.
[17] Alfred (I.) Fürst zu Windisch-Graetz (11.5.1787 Brüssel – 21.3.1862 Wien) schlug im Oktober 1848 den Aufstand in Wien nieder.
[18] August Ferdinand Graf Breuner-Enckevoirth (30.6.1796 Regensburg – 23.4.1877 Weinhart bei Meran)
[19] Franz Freiherr von Pillersdorf (1.3.1786 Brünn – 22.2.1862 Wien) war Jurist, Politiker und Gutsbesitzer. Er wurde als liberaler Gegner von Metternich in der Märzrevolution 1848 Innenminister und arbeitete im April 1848 die Pillersdorf'sche Verfassung aus. Von 4.5. bis 8.7.1848 war er auch Ministerpräsident.
[20] Franz Stadion, Graf von Warthausen (27.7.1806 Wien – 8.6.1853 Wien)

Der 15. Mai 1848 wurde von dieser Partei zum Umsturz des Bestehenden bestimmt. Ihr Führer war Graf Ficquelmont[21], welcher in der Stadt, im großen Federlhof am Lugeck 3 wohnte. Bei demselben wurden die nächtlichen Sitzungen abgehalten, zu welchen sie auch den Grafen Hoyos als Commandanten der Nationalgarde[22] zuzogen. Da dieses Haus dem Baron Sina gehörte, und ich die Administration versah, so wurde mir dies von dem damaligen Hausbesorger Mayer mitgeteilt.

Von diesen nächtlichen Sitzungen erhielten die Führer der Volkspartei, welche ihre Versammlung in der Aula hatten, Wind, weshalb sie Vorsichtsmaßregeln getroffen hatten. Der Morgen des 15. Mai war da. Der Universitätsplatz und die Aula waren mit Menschen überfüllt. Alles wartete mit Bangen und sah dem herannahenden Sturm entgegen. Es dauerte nicht lange, so sah man Militär von allen Seiten und das Volk mußte zu den Waffen.

Ein Bataillon Grenadiere kam und machte Aufstellung auf dem Universitätsplatz. Da auch die academische Legion und die Nationalgarde eintrafen, so wurde die Aufregung immer größer, weil ein gegenseitiger Zusammenstoß nicht ausgeschlossen gewesen wäre. Während dieses Gegenüberstehens mit den Waffen, blieb das Volk nicht untätig. Auf den meisten der wichtigsten Plätze der Stadt wurden Barricaden aufgeworfen, um sich gegen das Militär verteidigen zu können. Eine der größten war am Stephansplatze, nach welcher jene am Lugeck folgte. Das Material bestand aus Bauholz, Möbeln, Steinen etc, welche Gegenstände von allen Seiten herbeigeschleppt wurden. Die Verteidigung derselben wurde durch die Nationalgarde, durch die academische Legion und auch durch weibliche Amazonen besorgt. In allen belebten Strassen wurden von den Arbeitern die Trottoirs aufgerissen, die Steine in die Häuser getragen und mit denselben die Fensterbrüstungen der ersten Stockwerke belegt. Wäre das Militär vorgerückt, so hätte man sie mit garstigen Waffen empfangen. Zum Glück, es war dies nicht der Fall. Den streitenden Parteien ist es gelungen, einen Vergleich abzuschließen, wonach Wien mit Militär und Nationalgarde besetzt wurde.

An eine hübsche Episode, welche ich damals am Hohen Markt im Sina'schen Hause Nr. 8 erlebte, erinnere ich mich heute noch mit Vergnügen. Es war der gewisse 15. Mai, wo die Arbeiter die Trottoirs aufrissen und die Steine in die Stockwerke trugen. Da ich nicht wollte, daß die schönen Zimmer des Barons von diesen Leuten betreten werden, so ersuchte ich den Juristen Willner, daß er mit einigen seiner Collegen das Haus bewache. Ich bemerkte zugleich, daß ich für eine gute Verpflegung und Unterkunft sorgen werde. Mein Wunsch wurde erfüllt und die Studenten bewachten das Haus. Als die Arbeiter mit den Steinen

---

[21] Karl Ludwig Graf Ficquelmont (23.3.1777 Schloss Dieuze bei Nancy/Frankreich – 7.4.1857 Venedig) war Diplomat und Politiker: ab 20.3.1848 österreichischer Außenminister von 4.4. bis 4.5.1848 Ministerpräsident.

[22] Johann Ernst Graf Hoyos-Sprinzenstein (24.2.1779 Wien – 28.10.1849 Wien)

in das Haus wollten, traten ihnen die Studenten entgegen. Ohne eine Ermahnung von Seiten der Letzteren blieben sie stehen und sagten: „Ah! Da sand dö Studenten, do haben wir nichts zu thurn." Sie verließen das Haus und kamen nicht wieder. Dieser Act, welchem ich beiwohnte, freute mich sehr. Ich hatte ersehen, daß keine communistischen, sondern freisinnige Tendenzen in dem Inneren des Volkes waren. Die Studenten blieben mehrere Tage in dem Sina'schen Palais, da ihnen die Bewirtung und Unterkunft zusagte. Besonders griffen sie nach den guten Cigarren, welche sie schockweise vertilgten. Vielleicht sind noch manche am Leben, welche sich noch an diese glücklichen Tage erinnern.

Während dieser unruhigen Tage wurde das Vertrauen, welches die Nationalgarde zu ihrem Commandanten, zum Grafen Hoyos hatte, erschüttert, da verschiedene Gerüchte über seinen schwachen Charakter im Umlauf waren. Er wurde daher im allgemeinen so angefeindet, daß die besser Gesinnten bemüßigt waren, ihn in Schutz zu nehmen. Ich hatte mit meinen Augen gesehen, daß die Besonnenen ihn über die große Barricade am Lugeck nach dem Hof zum Platzcommando führten, damit er vor dem aufgeregten Volk geschützt werde. Mir tat es leid, daß man diesen 60jährigen Mann so bagatell behandelte. Obwohl meine Gesinnung immer freisinnig war, so verachtete ich jedoch jede Ausartung gegen Andersgesinnte. Nach diesen unruhigen Tagen wurde zwischen Militär und Nationalgarden und Legionärs Verbrüderungsfeste gefeiert, welche mir aber so vorkamen, als wenn sich kleine Kinder mit spitzen Messern spielten. Man sah aus der ganzen Comödie das Gezwungene und Unnatürliche heraus und doch freute sich das Volk über die Verschmelzung dieser verschiedenen Elemente und jauchzte über die errungenen Siege.

Die Camarilla und die Kriegspartei konnten diesen friedlich scheinenden Zustand nicht länger ertragen. Es wurde der Plan gefaßt, Se. Majestät, den guten Kaiser Ferdinand von Wien zu entführen und die Regierung an einen anderen Ort zu verlegen. Das Haupt dieser Partei war der Obersthofmeister Sr. Majestät, der Graf Bombelles. Er fuhr mit den Majestäten und deren Umgebung von Schönbrunn über Krems nach Linz und von da nach Innsbruck, wo man in dem k. k. Schlosse das Hoflager aufschlug. Während der Hinreise hatten sich die Städte Krems und Linz nicht anhänglich gezeigt. Zu der Ersteren wollten die Einwohner durch das Abbrennen der Donaubrücke, Se. Majestät zurückhalten und in der Letzteren fand es die Hofpartei nicht ratsam, einen Ruhetag zu halten, da sich in dieser Stadt sehr viele unruhige Elemente zeigten.

Als die Wiener die Entführung des Kaisers erfuhren, und in Folge die bestehende Regierung untätig wurde, so bildete sich aus dem Volke ein Sicherheitsausschuß, welcher aus Nationalgardisten, Gemeinderäte und Führern der Volksparteien zusammengesetzt waren. Derselbe etablierte sich in dem alten Musikvereinssaal und hielt in demselben seine Sitzungen permanent ab. Die Hauptpersonen dieses Vereins waren Dr. Fischhof[23], Dr. Goldmark[24], Dr. Bach jun., Jurist Ungar, Willner, unter welchen Fischhof als Präsident den Vorsitz führte. Hier wurden alle politischen, sogar auch militärische Angelegenheiten besprochen und es gab zur Zeit keine andere Behörde, welche dem Volk mehr Vertrauen einflößte, als diese. Unter den Vereinsmitgliedern lenkten zwei jugendliche Studenten, Ungar und Willner, besondere Aufmerksamkeit auf sich, Ersterer wegen seines jugendlichen Aussehens und seines großen Rednertalentes und Letzterer wegen seines martialischen, mit einem großen Barte versehenen Kopfes und großer Baßstimme.

Da in diesen Tagen der Handel und das Gewerbe stockten, so wurden viele Arbeiter entlassen und sie samt Familie brotlos. Dieselben forderten eine Unterstützung vom Staate, weshalb auch Notstandsbauten angeordnet wurden. Wie aber überall in so bewegten Zeiten, so kamen auch hier Unruhen hervor und es verging kein Tag, wo nicht zum Schutze der ruhigen Arbeiter, Legionärs und Nationalgarden ausrückten. Besonders war dies bei der Umlegung des Wienflusses, welcher früher einen ganz anderen Lauf hatte, der Fall. Dieser Fluß erhielt durch die Beseitigung der früheren Mondscheinbrücke seine jetzige krumme Gestalt und wurde durch die brotlosen Arbeiter im Jahre 1848 hergestellt. Bei diesen Arbeiten fanden sich viele weniger wegen der Arbeit, als wegen des Politisierens ein und so kam der 13. Juni heran, wo man mit bewaffneter Macht der ganzen Rotte entgegentreten mußte.

„Academischer Legionär"

Ich, als academischer Legionär, hatte auch das Glück, mit geladenem Gewehr auszurücken, um Ruhe und Ordnung wieder herzustellen. Bei dieser Gelegenheit hatte ich mehr Sorge vor der Ungeschicklichkeit unserer Leute, welche mit scharfgeladenen Gewehren ausrückten, als vor der großen Tapferkeit der Arbeiter. Zum Glück kam es zwischen Legionärs und Arbeitern zu einem friedlichen Ausgleich, da der Sicherheitsausschuß den Juristen Willner als Unterhändler absandte, und die Volksführer sich den Anordnungen desselben fügten. Infolge dessen wurde Willner der Arbeiterkönig genannt. Nach diesem Ausgleiche wurden wir unseres Dienstes entlassen und ich hatte nur einmal noch das Glück, die Legionärsuniform anzuziehen.

Zu dieser Zeit war in den Sälen der k. k. Academie der bildenden Künste eine Ausstellung, wo man die Legionärs heranzog. Da ich zu denselben gehörte, so

---

[23] Adolf Fischhof (18.12.1816 Ofen/Ungarn – 23.3.1893 Emmersdorf/Kärnten) war Politiker, Arzt und Schriftsteller. Seine Rede über Pressefreiheit im Hof des Niederösterreichischen Landhauses in Wien gilt als Anstoß der Wiener Märzrevolution 1848; er wurde Präsident des Wiener Sicherheitsausschusses und Abgeordneter des Reichstags.

[24] Josef Goldmark (15.8.1818 Deutschkreutz/Ungarn – 1881 USA) war Mediziner und Politiker. 1848 war er Mitglied der akademischen Legion und des Sicherheitsausschusses. Er war der Halbbruder des Komponisten Karl Goldmark.

mußte ich zur Wache einrücken. Dies war abends und zur Dienstleistung kam ich erst am folgenden Tage. Das Wachzimmer befand sich in dem alten St. Annagebäude, welches von Nationalgarden und Legionärs überfüllt war. Es wurde gesungen, gestritten, gelärmt und ein solches Unwetter getrieben, daß ich mich in dieser Gesellschaft ganz unheimlich fühlte. Da die Jahreszeit vorgerückt und die Abende schon kühl waren, so schickte mir meine besorgte Lotte meinen Mantel, wofür ich ihr meinen herzlichsten Dank ausdrückte. Ich postierte mich in dem Wachzimmer auf eine Bank, benützte den Mantel als Decke und wollte einschlafen; aber trotz meiner Bemühung war alles vergebens. Nicht nur der Lärm der Studenten, sondern die schwarzen, hüpfenden Tierchen brachten mich in eine solche Aufregung, daß ich gegen die Regeln der Disciplin meinen Posten verließ und schnurstracks meiner Wohnung zulief. Es war 11 Uhr nachts, als ich an der Glocke läutete und niemand aufmachen wollte. Als man aber meine Stimme vernahm, wurde die Tür geöffnet und ich wurde mit Freuden empfangen. Am nächsten Tag besorgte ich meine Wache und kein Mensch vermißte meine Abwesenheit. Dieses Heldenstück gab meiner Frau öfter Gelegenheit, dasselbe als Bewunderung meiner Tapferkeit anzupreisen.

Nachdem das Volk von den beiden Parteien immer gehetzt wurde, so gab es wenige Tage der Ruhe. Zu dem Militärkommandanten der Stadt Wien war damals der General Zannyni ernannt, welcher ein aufgeklärter Kopf war und mit der Zeit ging. Er kam später mit dem Sicherheitsaus-schuß in Berührung, da dieser die politische und polizeiliche Behörde vertrat. Hier lernte er den Juristen Willner kennen und staunte über dessen Einfluß bei den Arbeitern.

Eines Tages gab es in der Getreidemarkt Caserne eine Revolte, wo die italienischen Soldaten ihrem Commandanten den Gehorsam verweigerten, und dieselben deshalb Hausarrest bekamen. Da dies das Volk erfuhr, so sammelten sich Tausend und Tausend vor der Caserne und machten Miene, die Soldaten zu befreien. Um dies zu verhindern, erschien General Zannyni in dem Sicherheitsausschuß und bat um den Juristen Willner, damit er durch seine Ansprache das Volk zum Abziehen bewege. Als ich um diese Zeit auch im Sicherheitsausschuß war, so begleitete ich meinen Schwager zur Getreidemarkt Caserne, um zu erfahren, was es denn in dieser unruhigen Zeit Neues gibt. Nachdem wir ankamen, fanden wir den Platz mit Menschen überfüllt. Willner kletterte auf den Ständer des damaligen artesischen Brunnens, hielt dem Volk eine ergreifende Rede und hatte durch dieselbe den Zweck erreicht. Die größte Menge der Menschen löste sich auf und zerstreute sich nach allen Windrichtungen; und nur ein kleiner Teil, welcher sich in seiner Nähe postierte, machte Miene, nicht abzuziehen. Bei dieser Gelegenheit hatte ich erfahren, daß Willner trotz seiner Sympathie beim Volk, doch immer in Gefahr schwebte. Ich hörte mit eigenen Ohren, als er seine Rede am Ständer beendete: „Hauts ihn herunter, er halts auch mit den Schwarzgelben." Es kam hernach zwischen ihm und dieser Partei zu einem Wortwechsel, welcher sein Gemüth in eine große Aufregung brachte. Ich sah, wie sich sein Gesicht färbte, sein Blut in den Adern vibrierte und wie er seine Brust von den Kleidern entblößte und mit einer durchdringenden Stimme ausrief: „Nun, dann werde ich euren Ansichten beipflichten und den Platz verlassen, wenn mein Herz von einer Kugel durchbohrt sein wird." Diese Worte nützten, der besser gesinnte Teil jauchzte ihm zu und die Anderen verschwanden von dem Platze. Ich ermahnte zur Vorsicht und begleitete ihn retour in den Ausschuß.

Obwohl zu dieser Zeit ein Ministerium und ein Reichstag fungierten, so mußte doch bei jeder Unruhe der Sicherheitsausschuß eingreifen, um die Ordnung und Ruhe wieder herzustellen. Das Ministerium, welches aus heterogenen Bestandteilen bestand, hatte weder von oben, noch weniger von unten eine Stütze. Der Reichstag, welcher aus Deutschen, Böhmen, Polen etc. bestand, faßte Beschlüsse, welche niemals zu Gunsten des Volkes verwertet wurden, daher kein Wunder, wenn sich das Letztere weniger an den Reichstag, als an den Sicherheitsausschuß wandte, weil es zu diesem mehr Vertrauen hatte. Schon damals hatte sich die slawisch, föderalistische Partei unter Palatzky und Rieger als Feinde der Deutschen entpuppt, und Hader und Zwietracht in den Reichstag getragen. Eines Tages, wo ich in demselben war, sah ich mit meinen Augen, wie Krieger, ohne Wahrung des Anstandes der deutschen Partei entgegentrat und wie ihm seine Stammesgenossen von allen Seiten zujubelten. Schon um diese Zeit hatte ich alle Achtung vor diesem Manne verloren und es zeigte sich schon damals, daß dieser Mann noch viel Unheil in Österreich anstiften dürfte.

Ein unglaubliches Schauspiel ereignete sich am Frohnleichnamsfeste im Jahre 1848 in Wien, Da der allerhöchste Hof zu der Zeit von Wien abwesend war, so wurde das obige Fest meistens aus bürgerlichen Elementen vertreten. Statt seiner Majestät des Kaisers, folgte dem Allerheiligsten der Präsident des Sicherheitsausschußes, Dr. Fischhof, ein Jude, und diesem Nationalgardisten und Legionärs. Unter solchen Umständen war es kein Wunder, daß die Militär- und Hofpartei alle Hebeln in Bewegung setzte, um der verhaßten Volkspartei den Garaus zu machen. Um diese Zeit errichtete ein gewisser Svoboda eine Volksbank, versprach viel Zinsen, konnte dieselben aber nicht auszahlen.

Infolgedessen wurde das Volk unruhig, verlangte von der Bank sein Geld und als es nichts bekam, entstand ein fürchterlicher Cravall. Man wendete sich an den damaligen Minister Baron Doblhoff[25], welcher aber nicht in der Lage war, das drängende Volk zu beruhigen. Hierauf entstand ein großer Auflauf, welcher unterdrückt und im Volksmunde der Doblhoff-Sturm genannt wurde.

---

[25] Anton Freiherr von Doblhoff-Dier (10.11.1800 Görz – 16.4.1872 Wien) war 1848 Handels-, Innen- und Kultusminister.

Geburt des ersten Kindes Franziska

Da Baron Sina seine Güter Mauerbach und Rappoltenkirchen mit einer kürzeren Strasse verbinden wollte, so war ich zu dieser Arbeit beauftragt, und sollte dieselbe bald möglichst beenden. Als ich in der besten Trassierung war, besuchte mich unverhofft mein Schwager Rudolf Willner und brachte die Mitteilung, daß sich meine gute Lotte stündlich erwarten dürfte. Ich verließ ungesäumt Mauerbach und war nach zwei Stunden in Wien an der Seite meiner lieben Frau. Nach schweren Nöten brachte sie mir am 15. September 1848 um 5 Uhr früh ein gesundes Mädchen, welches bei der Taufe den Namen Franziska Hermina erhielt und wo ihre Tante Pfaff die Stelle der Taufpatin vertrat. Die Wöchnerin und das Kind blieben gesund und ich konnte mit Wonne die Vaterfreuden genießen.

Während die Zustände in Wien immer ärger wurden, erhob sich auch in Prag das Volk. Die Führer der Tschechen, unter Palatzky, Rieger, Brauner etc., hetzten das Volk gegen die deutsche Regierung, wonach Unruhen und Aufstände entstanden. Zu dieser Zeit gab der commandierende General Windischgrätz einen Ball, bei welchem die Aristokraten und das Militär vertreten waren. War es Zufall, oder war es absichtlich, als seine Frau beim Fenster stand, flog eine Kugel von außen in den Salon, traf die Bedauernswerte tötlich, wonach sie als Leiche zu Boden fiel. Nach dieser Tat wurden von dem Militär Vorkehrungen getroffen, daß diesem Frevel ein Ende gemacht wurde. Die Garnison bezog den Hradschin, das Volk die Stadt. Nachdem das Letztere die Waffen freiwillig nicht streckte, so kam es zur Blutvergießung, das Volk unterlag und das Militär triumphierte über den Sieg. Von nun an wurden die Tschechen von ihren förderalistischen Träumen currirt, und Windischgrätz traf Vorkehrungen, den Wienern ein ähnliches Los zu bereiten.

Infolge der militärischen Siege in Prag, erhob die Reaktion unter Latour und Bach in Wien ihr Haupt. Im Reichstage, welcher in Wien versammelt war, stellten der Kriegsminister Graf Latour[26] und der Minister Dr. Bach Anforderungen, welche von der liberalen Partei nicht erfüllt wurden. Da die Tschechen gegen die Deutschen waren, so war von einem Zusammengehen gegen das Ministerium keine Rede. Nebst diesem Unglück in Österreich, machte auch die Revolution in Ungarn große Fortschritte. Trotz des Anmarsches der Croaten unter Jallaschitz, konnte dieselbe zum Stillstand nicht gebracht werden. Und so kam der 6. Oktober 1848 heran, welcher in der österreichischen Geschichte als Schandfleck, andererseits als ewiger Gedenktag fortleben wird.

An diesem Tage wurde die Absendung mehrerer Regimenter Militär nach Ungarn bestimmt, welche ihren Weg über die kleine Donau, bei der Taborlinie,

---

[26] Theodor Graf Baillet von Latour (auch Baillet-Latour) (15.6.1780 Linz – 6.10.1848 Wien; ermordet) war im April 1848 Kriegsminister der konstitutionellen Regierung als einziger Vertreter der äußersten Rechten.

nehmen sollten. Schon früh morgens hörte man an verschiedenen Orten der Stadt Reveille schlagen und um 9 Uhr stand das italienische Grenadiregiment Richter und eine Abteilung Pioniere vor der genannten Brücke. Gegenüber auf dem Damm der Kaiser-Ferdinand-Bahn stand die Nationalgarde, die acadamische Legion und das neugierige Volk. Das Letztere hatte schon vor der Ankunft des Militärs einen Teil der Brücke zerstört, um demselben Schwierigkeit des Abziehens zu bereiten. Die Legionärs wurden von ihrem Commandanten Maler Eigner geführt, die Nationalgarde war sich selbst überlassen. Ein großer Teil der Grenadiere wurde ihrem Eid untreu, flüchtete sich auf den oben genannten Damm und machte gemeinschaftliches Spiel mit dem Volke. Der Commandant des Militärs war der General Bredy, ein in mittleren Jahren untersetzter Mann. Er erteilte den Pionieren den Auftrag, die zerstörte Brücke zu reparieren und dieselbe gangbar zu machen. Als dieselben zur Arbeit griffen, hörte man lärmen und pfeifen und die gegenüberstehenden Nationalgarden und Studenten griffen zu den Waffen.

Ich stand zu der Zeit auch auf dem Eisenbahndamm und betrachtete den Ausgang dieser kritischen Affaire. Als ich von dem commandierenden General „Marsch" commandieren hörte, das Volk aber rief: „Militär nicht abziehen", so wurde ich unruhig und wollte aus dem Menschengedränge entfliehen, was aber nicht so leicht möglich war. Es währte nicht lange, so krachten die Gewehre. Der General Bredy stürzte tot vom Pferde, Blut floß auf beiden Seiten und die größte Verwirrung entstand auf dem Kampfplatze. Ich verließ umgehend die Blutstätte, eilte in der größten Aufregung durch die Taborstraße und sah, wie die Gewölbe geschlossen, das Volk alarmiert wurde, und wie eine Militärordonanz im größten Galopp der Stadt zusprengte, um wahrscheinlich das Vorgefallene dem Kriegsminister zu rapportieren.

Als das Volk von diesem traurigen Ereignisse Kenntnis erhielt, so wurden die Haustore gesperrt, die Glocken geläutet und die Nationalgarde, sowie die academische Legion zum Kampfe gerufen. Das Militär, welches noch immer die Donaubrücke bewachte, wurde abberufen, und der projektierte Marsch nach Ungarn unterblieb.

Während dieser Zeit wurde auch der Kampf im Reichstage, unter dem Präsidium des Dr. Smolka[27], zwischen den Deutschen und Tschechen fortgesetzt. Die Letzteren, obwohl in der Minorität, trugen ihr Möglichstes bei, um jede Einigkeit hintan zu halten. Die Deutschen warnten den Kriegsminister Latour, er möge den Befehl zur Absendung von Militär nach Ungarn unterlassen, da dadurch nur

---

[27] Dr. Franz Smolka (4.11.1810 in Kałusz/ Galizien – 5.11.1899 Lemberg) stellte sich im März 1848 an die Spitze der national-polnischen Bewegung in Galizien und wirkte in deren Interesse im österreichischen Reichstag in Wien, dessen Vizepräsident und ab 12.10.1848 Präsident er war.

böses Blut erzeugt würde, wenn wirklich Militär abging. Dieser Rat wurde aber nicht befolgt.

Es zog sonach der Pöbel, mit aller möglichen Bewaffnung, vor das Kriegsgebäude, begehrte Einlaß, da er mit dem Kriegsminister sprechen wollte. Dies wurde nicht gestattet und es traf Militär ein. Es wurde unterhandelt, konnte aber ein Ausgleich nicht erzielt werden! Und so kam es zu einem Gewaltact, welcher der sonst besonnenen Wiener Bevölkerung zur obigen Schande gereicht. Das Kriegsgebäude wurde erstürmt, Graf Latour gefangen genommen, auf den Hof geschleppt und auf einem Gascandelaber aufgehängt. Die Scheusale lechzten nach Blut und der Arme vergoß dasselbe infolge seiner Gesinnung.

Mich führte zu der Zeit mein Weg über den Hof, wo ich unwillkürlich dieses traurige Ereignis bemerkte. Mit Schauder verließ ich die Unglücksstätte und eilte meiner Wohnung, meiner Lotte und meinem Kinde zu. Nach dem nächsten Abend verließen wir Wien, eilten nach Gröschelmauth und verbrachten die ganze Revolutionszeit dort zu.

Die nächsten Tage hatte sich die ganze Wiener Garnison, mit ihrem Commandanten, General Auersperg[28], in den Schwarzenberg-Garten gezogen, wo die weiteren Maßregeln beschlossen wurden. Als Vorposten standen die Soldaten von Nassau, ein polnisches Regiment; welche jeden arretierten, der ihnen in die Nähe kam und eine Nationalgarden- oder Legionärs-Uniform trug.

Denselben Tag passierte auch mein Schwager Jurist Willner einen solchen Vorposten. Gegenüber in der Heugasse stand ein Greißler, welcher ironisch bemerkte: „Das ist auch einer von den schreienden Studenten", und es war genug. Der wachhabende Offizier hörte diese Bemerkung, gab Befehl zum Arretieren und Willner wurde unter dem Gespötte der umstehenden Soldaten, zum General Auersperg geführt. Als Letzterer den Namen des Studenten hörte, gab er Befehl, ihn vorzuführen. Die umstehenden Offiziere freuten sich wahrscheinlich auf ein neues Opfer, wie wurden sie aber getäuscht! Als der General den Juristen Willner sah, trat er ihm näher und sagte: „Aber Willner! Was machen Sie hier?" „Ich erwarte Ihre Befehle, Euer Excellenz!" Auersperg sagte weiters: „Willner ich weiß, Sie waren immer einer von den Gescheiteren; ich hoffe, Ihr Verstand und Ihre Besonnenheit wird Sie auch jetzt, in diesen kritischen Tagen, nicht verlassen." Als diese Unterredung der wachhabende Offizier hörte, und Auersperg den Befehl gab: „Führen Sie diesen Studenten durch die Wache, derselbe ist gleich zu entlassen", war er ganz freundlich gestimmt und bemerkte: „Sie sind glücklich dem Pulver und Blei entkommen."

Als wir Verwandte den Vorfall erfuhren, so ließ uns seine Person nicht eher Ruh, als bis sie der Stadt Wien adio sagte. Sein Bruder Rudolf und Collega Sohn

---

[28] Maximilian Graf Auersperg (21.1.1771 Wolfpassing – 30.5.1850 Wien)

führten ihn gleich nachmittags über Hernals nach Klosterneuburg und nach Stockerau, von wo aus er seinen Weg nach Haugsdorf zu dem Gutspächter Tomas nahm.

Ich verließ auch denselben Abend Wien, und fuhr mit meiner Frau und dem Kinde nach Gröschelmauth, wie ich schon oben bemerkt habe. Da erfuhren wir Verwandte, daß der reactionäre Pfarrer von Haugsdorf den Namen Willner aus den Zeitungen kannte, weshalb auch hier seine Person nicht in Sicherheit sei. Der Gutspächter Tomas schaffte ihn daher in ein entferntes Dorf, wo er bei einem freisinnigen Pfarrer so lange versteckt war, bis derselbe erfuhr, daß kein Militär in der Umgebung mehr sei und sein Schützling ungehindert den Weg nach Gröschelmauth zu seinem Vater machen kann. Hier verblieb er einige Tage, machte seine Reise zu seinem Bruder nach Böhmen und verbrachte den Winter auf der Graf Otto Chotek'schen Herrschaft.

Wie ich schon bemerkte, verbrachte ich und meine Familie die schrecklichen Oktobertage 1848 bei meinem Schwiegervater und traten die Rückreise nach Wien erst dann an, als die Stadt Wien zu den Füssen des Generals Windischgrätz lag. Ich hatte daher von diesen Jammertagen nichts gesehen und wußte nur das, was die täglichen Zeitungen brachten.

Als ich am 3. November 1848 zurück kam und meine Wohnung betrat, so fand ich mein zurückgelassenes Dienstmädchen, welchem ich mein Hab und Gut anvertraute, ganz unversehrt.

Auf meine Frage, wie es ihr während unserer Abwesenheit gegangen ist sagte sie: „Gut", mit der Bemerkung: „Nur einmal, als der Windischgrätz die Stadt bombardierte und ich mich im Keller verbarg, hatte ich Furcht." Sie erzählte mir ferner, daß während meiner Abwesenheit eine Militärcommission die Wohnung visitierte, das vorgefundene Gewehr mitnahm und sich über den tapferen Legionär lustig machte.

Von nun an kamen über Wien traurige Tage. Jedermann, welcher als freisinnig bekannt war, wurde denunciert, und haftete der kleinste Fehler an ihm, so wurde er dem Militärgerichte eingeliefert. Das Schwert des Generals Windischgrätz lastete stark auf den Schultern der Wiener, Man hörte nicht nur von Einkerkerungen, sondern von Verbannungen und Hinrichtungen. Doktor Fischhof, als Präsident des Sicherheitsausschußes, Dr. Hofer als freisinniger Redner des Volkes und Maler Aigner[29], als Commandant der academischen Legion, sowie mehrere Andere verfielen dem Arm der Militärgerichte. Zum Glück wurden die drei Obgenannten nach einigen Jahren begnadigt, und erfreuen sich noch heute des

---

[29] Josef Aigner (18.1.1818 Wien – 19.2.1886 Wien, Selbstmord) war Porträtmaler und malte u. a. Kaiser Franz Joseph und Kaiserin Elisabeth, Grillparzer und Lenau. 1848 war er Hauptmann und provisorischer Corpskommandant der akademischen Legion. Am 21.11.1848 wurde er von einem Kriegsgericht zum Tode verurteilt, zwei Tage später jedoch begnadigt.

irdischen Daseins. Die Wütheriche des Grafen Latours, welche sich aus der niedrigen Volksschicht bildeten, wurden eruiert, verhaftet und nach der Aburteilung dem Galgen übergeben. Auch den Dr. Goldmark und dem Reichstagsabgeordneten Dr. Kudlich[30] erwartete dieses Loos; jedoch durch ihre Flucht in die Schweiz und nach Amerika, entgingen sie dem Arm des Scharfrichters. Da sich die Unschuld der zwei Letzteren herausstellte, so wurden sie rehabilitiert und leben heute als gesuchte Ärzte in Amerika. Auch meinen Schwager, den Juristen Willner, wurde von dem Militärgericht nachgeforscht, weil man seine freisinnigen Reden kannte, und weil er von einer großen Partei als revolutionärer Redner ausgerufen war. Wir Verwandte waren sehr besorgt um seine Person. Zudem bestärkte uns noch die Nachfrage von Seiten des Militärs über seinen Aufenthalt.

Eines Tages kam die Cousine Pfaff in meine Wohnung mit der Mitteilung, daß man den Toni sucht. „Dratschmied[31], der Generalauditor, hat ihr dies mitgeteilt." Vor Schrecken und Angst meiner armen Lotte und ihrer Geschwister, reiste ich im Winter 1849, in der größten Kälte, nach Radmeritz, auf das Gut des Grafen Chotek, wo sich der Jurist Willner bei seinem Bruder Franz, aufhielt; und teilte ihm mit, daß er von dem Militärgericht gesucht wird. Diese Reise werde ich mir merken, ohne gehörige Winterkleidung, bei ein bis zwei Fuß Schnee, machte ich mittels Postwagen die Reise dahin. Ich fröte meine Hände und Füße, erhielt hiedurch ein Andenken bis heute und doch hatte mich mein Vorhaben nicht gereut. Als ich die Ursache meiner Reise in Radmeritz mitteilte, schrieb Graf Chotek an seinen Freund, Grafen Wratislav, nach Wien und Letzterer antwortete retour: „Nach dem Juristen Willner wurde vom Militärgericht gefragt, dasselbe weiß jetzt seinen Aufenthalt, er möchte dort bleiben und sich ruhig verhalten." Diese Nachricht gab uns Beruhigung. Ich reise nach Wien zurück, teilte dasselbe seinem Vater, sowie seinen Geschwistern mit und wir wurden wegen seiner Person von nun an weder belästigt, noch beunruhigt. Er verblieb über den Winter in Radmeritz, ging im Frühjahr 1850 nach Prag, setzte seine Studien fort und ist heute ein conservativer, wohlbestellter Advokat. Was meine Person betrifft, so hatte dieselbe nichts zu besorgen, da mein Freiheitssinn sich immer in den gesetzlichen Grenzen hielt. Ich konnte daher meinem Berufe ungehindert nachgehen, was ich auch getan hatte.

Wie ich schon einmal bemerkte, wurde das Stadthaus, Wollzeile Nr. 1 unter dem Baron Georg von Sina umgebaut und der Bau von dem Baumeister Grünn durchgeführt. Dieser ehrliche, rechtschaffene Mann hatte hiebei viel zu leiden.

---

[30] Hans Kudlich (23.10.1823 Lobenstein – 11.11.1917 Hoboken/USA) war Politiker und Arzt und wurde als „der österreichische Bauernbefreier" bekannt. Als Teilnehmer an der Wiener Oktoberrevolution 1848 wurde Kudlich am 10.3.1854 in Abwesenheit zum Tod verurteilt; er flüchtete in die Schweiz und weiter in die USA.
[31] Friedrich Dratschmied von Mährentheim (ca. 1802 – 31.1.1885 Wien)

Es wurde während der Revolution wenig gearbeitet, sein Bauholz wurde zu Barricaden verschleppt und sein Verdienst bei diesem Bau reichte nicht hin, die Auslagen zu bestreiten. Es war daher die Folge, daß ich den Bau in Regie, auf Rechnung des Barons ausführen und der arme Grünn, ohne nicht unbedeutenden Verlust, den Bau verlassen mußte.

Obwohl Sina strenge die Kontrakte einhielt, eine Nachzahlung niemals bewilligte, so hatte er doch in der Revolutionszeit einen Akt der Wohltätigkeit ausgeübt. Ich erhielt den Auftrag, den sämtlichen Arbeitern, welche bei dem Bau beschäftigt waren, täglich einen Laib Brot zu verteilen und die Auslagen auf das Bauconto zu schreiben. Diese Beteilung währte mehrere Monate, machte unter den Arbeitern gutes Blut und paßte auch zu der wohlberechneten Politik des Barons.

Dieser Bau wurde im Sommer 1849 vollendet und ist sehr gut und zur Zufriedenheit des Barons ausgefallen. Als ich die Collaudierung und Schlußrechnung dem Baron vorlegte, so bezeigte er seine Zufriedenheit dadurch, daß er mir ein Cadeau von Gulden 500,- MC übergab, wofür ich meinen besten Dank ausdrückte.

Da nun Baron Sina für weitere Neubauten keine Lust zeigte, so war ich für meine Zukunft besorgt und gab ihm dies gelegentlich kund. Diese Sorge hatte ich wegen meines Schwagers Rudolf Willner, welcher bei mir Bauadjunkt und meines Bruders Ferdinand, welcher als Baucontroller angestellt war. Nach einiger Zeit, als der Baron meine Sorgen erfuhr, tröstete er mich mit den Worten: „Seien Sie beruhigt über Ihre Zukunft. Sie benötige ich für meine Güter und Häuser, Ihren Schwager gebe ich zur Glognitzer-Bahn und Ihr Bruder muß sich um einen anderen Platz umsehen, für den habe ich jetzt nichts zu tun." So ist es auch gekommen. Ich bin, Gott sei es gedankt, in dem Hause seines Sohnes geblieben, mein Schwager kam zur Bahn und mein Bruder ist nach verschiedenen Irrfahrten in Wien Baumeister geworden. Und so leben wir alle zufrieden und vergnügt und danken der weisen Vorsehung für das Erreichte.

Durch die Vollendung der Stadtbauten ist auch meine Tätigkeit eingeengt worden. Ich wurde von nun an nur mit öconomischen Bauten beschäftigt, weshalb ich jetzt mehr als Beamter, als ein Architekt angesehen wurde. Dies war mir aber nicht gleichgültig, da ich in meiner architektonischen Tätigkeit zurück blieb und gewissen Organen untergeordnet wurde, welche meine bisher selbstständige Stellung beeinflussen wollten. Ich kam daher mit denselben nicht selten in Konflikt, was später zu Reibungen und Unannehmlichkeiten führte. Auch das bisher genossene Wohlwollen und Vertrauen, welches ich bei dem Baron besaß, war ihnen ein Dorn im Auge; und würde ich meine Stellung nicht so fest und tadellos behauptet haben, so hätten sie mich längst aus dem Sattel geworfen. Da aber mein Wahlspruch von jäher war: „Offen reden und ehrlich Handeln", so hatte ich von den vermeintlichen Freunden nichts zu befürchten und behauptete meine selbstständige Stellung fort.

Der Stand der Techniker

Es sei mir erlaubt, über die Techniker einige Worte zu bemerken, da ich während meiner langjährigen Praxis so viele Erfahrungen machte, daß ich glaube berechtigt zu sein, über dieselben ein richtiges Urteil fällen zu können. Die Techniker standen vor dem Jahre 1848 nicht auf dem Standpunkt der Wissenschaft, welche man heute von denselben verlangt. Die Schuld lag aber nicht an ihnen, sondern an dem Staat und den Zeitverhältnissen. Die Lehranstalten standen viel tiefer als heute, und die Zeitverhältnisse gaben ihnen keine Gelegenheit, sich auszeichnen zu können. Die meisten derselben waren nicht Fabrikssöhne oder aus reichen Häusern, gingen zum Staatsdienst, wo sie nach zehnjähriger Praxis eine Straßenmeisterstellung bekamen. Welches Loos und Ansehen ihnen hier bevorstand, läßt sich leicht denken; daher kein Wunder, wenn sie von den juridischen, sowie von den politischen Beamten ganz gleichgültig behandelt wurden. Außerdem kamen noch das argwöhnische Vorurteil und der Neid, daß es den Technikern besser als ihnen geht, da sie bei auswärtigen Arbeiten, nebst ihren Diäten noch andere Vorteile haben. Ob dieses Gesagte richtig und recht ist, und wenn sich schon räudige Schafe in einer Herde befinden, ob man es auf alle anwenden konnte, möchte ich ein- für allemal bestreiten. Es gibt in allen Branchen gute und schlechte Menschen. Die letzteren soll man der Menschheit bekanntgeben, damit sie den ehrlichen Namen der Ersteren nicht beflecken. Sie machen im gewöhnlichen Leben Aufsehen, verprassen ihr Einkommen auf eine frivole Weise, schaden sich und ihrer Familie und gehen am Ende jämmerlich zu Grunde. Es gibt aber auch ehrliche Leute, welche ihre Stellung tadellos bewahren, dabei anständig leben und sich für ihre alten Tage einen Zehrpfennig ersparen. Diesen tut man unrecht, wenn man sie mit den Früheren in einen Topf wirft. Leider geschieht dies aber nur zu oft.

Solche argwöhnische Äußerungen über die Techniker hörte ich öfter in meiner Nähe, jedoch sie kamen nur sporadisch vor. Ich bin überzeugt, daß es schon damals, als ich den Bau des großen Federlhofes in der Stadt leitete, einige meiner Mitbeamten gab, welche eine reelle Bauleitung für unmöglich hielten. Ich bin auch überzeugt, daß es diesen Menschen unmöglich erschien, daß man einen Bau mit Fl. 234.743,- ohne jeden Eigennutz, außer jenem von seinem Herrn, ausführen kann; und doch war dies der Fall. Ich war durch die Behandlung des Barons und durch dessen Geschenke, welche er periodisch machte, so für sein Interesse eingenommen, daß ich jeden anderen Eigennutz bei Seite setzte und nur für ihn und sein Geschäft lebte. Durch dieses Vorgehen hatte ich aber eine solche Achtung, d.h. sie hatten eine solche Furcht die Geschäftsleute, daß sich keiner getraute, nur die leiseste Anspielung mir gegenüber zu machen.

Verwalter der Sina'schen Häuser

Wer mit Baulichkeiten zu tun hat, der weiß, welchen Anfechtungen er ausgesetzt war. Ich hatte nach Vollendung des großen Federlhofes denselben mit Fl. 234,743.34,- collaudiert. Mit Bedauern mußte ich den sämtlichen Geschäftsleuten einen Abzug von Fl. 33.000,- machen, da sie nicht nur die Einheitspreise erhöhten, sondern auch Arbeiten nach Gewicht und nochmal nach Stück aufrechneten. Diese Abzüge machten bei den Geschäftsleuten anfangs böses Blut, weshalb mich einige bei dem Baron verklagten. Besonders glaubte der Schlossermeister Novak, Besitzer des Steyrerhofes in der Stadt, ein besonderes Vorrecht zu haben, weil er nach seiner Äußerung langjähriger Hausschlosser war. Dieser legte besonders nicht ganz reelle Baurechnungen. Infolgedessen mußte ich seine Schlußrechnung mit ca. Fl. 4.000,- reducieren, und ich hatte trotz seines Ansuchens keine Nachzahlung befürwortet. Novak verklagte mich deshalb bei dem Baron. Dieser ließ mich rufen, wünschte die nötigen Aufklärungen und sagte hernach: „Diese Leute möchten mich prellen, nicht wahr?" Wie ich später erfuhr, erhielt er eine Aufzahlung von Fl. 600,-, welche ihm der Baron durch den kleinen Schreiber Kryspin zuschickte.

Nach einigen Tagen besuchte mich Novak in meiner Baukanzlei, dankte für die collaudierte Baurechnung und sagte nach einer Weile: „Herr Stauffer, ich danke Ihnen trotz meines Abzuges, welchen Sie mir gemacht haben; nur Eins sage ich Ihnen; wenn Sie so bleiben, so werden Sie beim Sina niemals zu etwas kommen; ich kenne ihn länger als Sie, habe ich mit ihm schon verschiedene Geschäfte gemacht."

Ähnliche Äußerungen hörte ich auch von anderen Geschäftsleuten. Der Zimmermeister Fellner machte damals seinem Hauslehrer, jetzt k. k. Oberbaurat Röhsler öfter die Bemerkung: „Ich kann nicht begreifen, wie sich der Stauffer gegenüber den Geschäftsleuten so uneigennützig verhalten kann." Der Glaser F. Mayer, Hausbesitzer am Bauernmarkt, wollte mir nach der Collaudierung ein Cadeau machen. Als ich dasselbe zurückwies, bedauerte er, daß er mir für meine zweijährige Mühe keine Freude machen könne und setzte noch hinzu: „Wer weiß, ob wir jemals wieder etwas zu tun bekommen." Er hatte recht, nicht ein einziges Mal kamen wir wieder in einer Geschäftsverbindung zusammen.

Steinmetzmeister Hauser, Vater des jetzigen Hofsteinmetzmeisters, hatte für das Haus Sina für viele Tausende Arbeiten gemacht. Nach seinem Tode kam seine Witwe, eine stolze, reiche Fellner in meine Wohnung und bat um die weitere Kundschaft für ihren Sohn. Hiebei bemerkte sie schüchtern: „Mein Mann ist Ihr großer Schuldner geblieben; er hatte doch seine Bücher ganz genau geführt; aber Ihnen gegenüber findet sich nicht eine Spur der Dankbarkeit." Ich führte das Gespräch auf eine andere Bahn und sie verließ nach einigen Bemerkungen ganz devot meine Wohnung. Und so hörte ich öfter von manchen anderen Geschäftsleuten, ob sie mir mit gar nichts dienen können, da sie sich meiner Person als große Schuldner fühlen.

Da derlei Anfechtungen spurlos vorübergingen, so getraute sich später mir keiner in die Nähe zu kommen und ich wurde sodann ein gefürchteter und zugleich ein geachteter Architekt. Und trotz dieses Rufes und meiner reellen Gebahrung mußte ich später Vorwürfe und Kränkungen erfahren, welche ich von diesem allgemein geliebten Mann niemals erwartet hätte.

Nach der Vollendung des großen Federlhofes wurden die anstoßenden Häuser in der Bischofgasse Nr. 769 und in der Wollzeile Nr. 770 & 771 demoliert und durch den Baron Georg wieder neu aufgebaut. Dieser Wiederaufbau fiel in die Jahre 1847 bis 1849. Baron Sina gab mir den Auftrag, zu diesem Bau eine größere Concurrenz einzuleiten, damit billigere Einheitspreise erzielt werden. Sein Sohn, Baron Simon, der dies erfuhr, protegierte einen Schloßer- und einen Glasermeister und gab mir zu verstehen, daß es ihm lieb wäre, wenn diese die Arbeiten erhalten würden. Ich befolgte diesen Auftrag pünktlich, schickte beiden Offerte zu und legte sie nach Erhalt den übrigen bei. Als der Baron Vater die Einheitspreise der zwei protegierten Geschäftsleute, wegen nicht genügender Sicherheit zurückwies, hatte ich eine teuflische Not mit seinem Sohn. Er ließ mich zu sich rufen, machte mir große Vorwürfe über meine Undankbarkeit und sagte: „Diese zwei haben Ihnen gewiß zu kleine Sporteln angeboten", und entließ mich ungnädig.

Einen noch kränkenden Fall hatte ich ein zweites Mal erlebt. Es befand sich zu dieser Zeit in dem Hause ein Grieche namens Lasko, welcher früher Kanal- und später Häuserinspektor war. Obwohl wenig gebildet, hingegen schlau, war er doch ein Intimus des jungen Barons. Dieser hatte ihn aus gewissen Gründen lieb gewonnen, weshalb Lasko jede Gelegenheit zu seinem Vorteile ausnützte. Da der damalige junge Baron das seichte Wissen seines Proteges kannte, erhielt ich den Auftrag, ihn in allen Arbeiten zu unterstützen, damit er dem Baron Vater keine Unannehmlichkeiten bereite. Ich befolgte eine Zeit lang diese Befehle, mußte dieselben aber später unterlassen, weil Lasko alle erfreulichen Nachrichten dem Baron Vater hinterbrachte, mit allen Unannehmlichkeiten aber mich zu demselben schickte. Als jetzt dem guten Baron Simon meine Unfolgsamkeit bekannt wurde, waren die sämtlichen Teufeln los. Er machte mir bei nächster Gelegenheit die bittersten Vorwürfe gegen die Nichtbefolgung seiner Befehle und stellte an mich mit böser Miene die Frage: „Haben Sie schon soviel, daß Sie meiner nicht mehr bedürfen?" Von dieser Zumutung wurde ich in meinem Inneren so ergriffen, daß ich dem sonst sehr guten Baron die decidierte Antwort gab: „Herr Baron, ich habe nichts als meine Frau, mein Kind und ein gutes Gewissen", und wollte gehen. Diese kurze, aber feste Antwort machte ihn stutzig, sie brachte ihn zu besserer Laune und er entließ mich nach einigen Bemerkungen sogar gnädig.

Nach einigen Tagen ließ er mich wieder zu sich rufen, machte wie gewöhnlich seine Späße und sagte: „Ich war böse über Sie wegen des Laskos, ich habe es aber nicht so gemeint", und beschenkte mich mit Fl. 50,-. Von nun an war er wieder gut und war mein Gönner und Protektor wie früher. Das sind wortgetreue Facta, welche ich aus meiner praktischen Erfahrung bestätigen kann und in meiner Stellung erlebt habe.

Nachdem mich die vorstehende Erzählung über die Techniker von meinen anderen Erzählungen abführte, so knüpfe ich den Faden dort wieder an, wo ich ihn abgerissen habe.

Chef der Sina'schen Baukanzlei

Der Baron Sina hatte im Jahre 1850 die Lust zum Bauen verloren, daher meine Beschäftigung nur die gute Instandhaltung seiner Häuser und seiner Güter war. Von den ersteren hatte er in Wien siebzehn und in Preßburg, Pech, Arad und Szegedin zehn. Von den letzteren hatte er in Österreich sechs, in Mähren neun, in Böhmen zwei, in Ungarn neunzehn, in der Walachei eins; folglich 37 Güter. Für diesen kolossalen Grundbesitz hatte er erst jetzt eine Baukanzlei kreiert, in welcher ich Chef und Subalterner war, d. h. ich war allein. Auf den Gütern durften, ohne früher eingeholte Bewilligung, keine Baulichkeiten vorgenommen werden. Die Verwalter mußten früher Pläne und Überschläge einreichen, und ergaben sich bei der Revision keine Anstände, so erhielten dieselben die Approbation des Barons. In anderen Fällen und besonders bei größeren Baulichkeiten mußte ich die Güter selbst bereisen und Aufnahmen und Plan selbst machen. Ich mußte daher viel auf den Gütern herumreisen, wo ich bedauerte, nur der deutschen Sprache allein mächtig zu sein.

Eine meiner größeren Reisen war im Sommer 1849, wo ich auf den ungarischen Gütern über sechs Wochen zubrachte. Diese Reise wurde hauptsächlich wegen Uferbauten in der Theissgegend und wegen Hochbauten im Banate vorgenommen. Als meine Arbeiten beendet waren, sehnte ich mich schon stark nach Wien, besonders aber zu meiner Frau und meinem Kinde nach Gröschlmauth, welche während meiner Verreisung bei meinem Schwiegervater gut aufgehoben waren. Ich besuchte daher gleich nach meiner Rückreise aus Ungarn den Baron, erstattete ihm Bericht über mein Arbeiten und ersuchte um einen kurzen Urlaub, daß ich meine Lieben nach Wien zurückbringen kann. Er erteilte denselben und ich machte die Reise nach Gröschlmauth. Als ich im Dorf ankam, begegneten mir meine Lotte und die kleine Fanny auf der Strasse, und erinnere mich noch heute, wie die kleine Fanny mit ihrem roten Röckchen auf den Armen der Mutter saß. Ich stürzte aus dem Wagen, flog Ersterer an den Hals, drückte sie samt Kind an meine Brust und somit war unsere gegenseitige Sehnsucht erfüllt. Nach einigen Tagen verließen wir Gröschlmauth, reisten zurück nach Wien, verblieben in meiner Wohnung bis zur nächsten Ausziehzeit und ich bezog sonach die

Wohnung Landstrasse, Heumarkt Nr. 499, im Kohl'schen Hause, in welcher ich 10 Jahre verblieb. Dieselbe befand sich im 2. Stock und war für meine Bedürfnisse ganz passend. In dem großen Hofe befanden sich Gärtchen, von welchen mir eins der Hausinspektor zur Benützung überließ. Ich erbaute in demselben ein hölzernes Lusthäuschen, pflanzte Blumen und Gesträuche und machte dadurch den Meinigen eine große Freude.

Vergrößerung der Familie: Geburt und Tod von Viktor Josef, Geburt von Viktor Emanuel und Othmar

In dem nächsten Jahre standen mir Vaterfreuden bevor. Am 28. September 1850, um 4 Uhr, 50 Minuten nachmittag, gebar meine Frau einen kräftigen Knaben, welcher bei der H. Taufe den Namen Viktor Josef erhielt. Sein Taufpathe war sein Onkel, Dr. Anton Willner. Dieses arme Kind wuchs bis in sein zweites Jahr zusehends, erkrankte hernach an einer Lebererweiterung und starb nach großen Leiden am 11. Mai 1852, um 1/4 3 Uhr nachts. Es wurde auf dem St. Maxerfriedhof begraben, und nur der Gedanke, daß es der göttliche Wille war, konnte meinen und den Schmerz der armen Lotte erleichtern.

Zu dieser Zeit trug die trauernde Mutter einen Ersatz unter ihrem Herzen, welcher am 20. November 1852, um 1/2 9 Uhr früh, das Licht der Welt erblickte. Es war mein zweiter Sohn, welcher auf den Namen Viktor Emanuel Josef getauft wurde und bei welcher Feierlichkeit sein Onkel, Dr. Anton Willner als Pathe stand. Die Freude dieses Geschenkes war groß und wir dankten der Vorsehung, daß sie unsere Wünsche erfüllt hatte.

In dem Jahre 1854 überraschte mich meine gute Lotte wieder mit Vaterfreuden. Am 12. März um 1/2 1 Uhr mittags gebar sie einen gesunden Knaben, welcher bei der Taufe den Namen Othmar Franz Philipp erhielt und sein Taufpathe Dr. Anton Willner war. Dieser Bursche machte uns große Freude, da es ein kräftiges, gesundes Kind war.

Im Jahre 1855 ging ich nach Anrathen der Ärzte, zum ersten Mal nach Marienbad. Der Baron Georg bewilligte mir einen vierwöchentlichen Urlaub, mit der Bemerkung: „Sie haben Zeit, daß Sie in ein Bad gehen" - und schenkte mir Fl. 200,- hiezu. Ich dankte für diese Gnade, ging nach Marienbad und verbrachte die Cur angenehm. Zu derselben trug die Gesellschaft, welche aus den Wiener-Franziskaner Quabian, aus dem Spiegelfabrikanten Anton Ziegler und der Pilsner Bürgermeisters-Gattin Wanka bestand, sehr viel bei. Ich fand während der Zeit eine bedeutende Erleichterung und eine Gemütsruhe, welche mir besonders wohl tat. Nach Ablauf meiner Badecur verließ ich Marienbad, eilte zu meiner Lotte und meinen Kindern nach Wien und verbrachte sodann den Rest des Sommers in dem Sina'schen Hause in Hietzing.

Im Herbst desselben Jahres erwarteten mich große Arbeiten. Der Baron hatte im Jahre 1837 den großen Bürgerstadl auf der Landstrasse, Bockgasse Nr. 349, im

Flächenmaß per 2400 Klafter, um den Preis von Fl. 57.000,- CM unter der Bedingung angekauft, daß er binnen drei Jahren auf Zinshäuser verbaut werde. Dieses Objekt benützte der Bürgerverwaltungsfond im vorigen Jahrhundert als Wirtschaftsgebäude für seine Öconomie, da er dieselbe in eigener Regie betrieben hatte. Der schlaue Baron erfüllte die dreijährige Bedingung nicht, sondern benützte das große Gebäude für seine Wolle und für andere Handelsartikeln, da im Letzteren sein Interesse mehr befördert wurde. Im Jahre 1855 erhielt er von dem Magistrat den Auftrag, seine Kontraktsbedingnisse zu erfüllen und binnen sechs Monaten die Pläne vorzulegen, da sonst bedeutende Geldstrafen bevorstehen würden. Infolgedessen ließ er durch den Architekten Kornhäusl[32], einen alten Hausfreund, die Pläne und Überschläge verfassen, in welchen zwei Gassen und neun Zinshäuser mit einem Kostenbetrag von Fl. 1.500.000,- C.Mz. präliminiert waren. Der Gedanke war nicht schlecht. Statt der jetzigen Reitschule und den Stallungen, welche von niemandem benützt werden und nur eine Last sind, stünden prächtige Zinshäuser, welche eine gute Geldanlage für die Sina'schen Erben geworden wäre.

Zu dieser Zeit befand sich der Sohn des Baron Sina mit seiner ganzen Familie in Venedig. Die Veranlassung war der Tod seiner ältesten Tochter Tinka, welche nach einem zweijährigen Lungenleiden in Penzing, in dem Palais verschieden ist. Sie erreichte das achtzehnte Jahr und war der Liebling ihres Großvaters. Ihr Tod hatte ihn sehr angegriffen, da derselbe recht bald nach dem Tode ihrer Großmutter eintrat, welcher ihn schon früher sein Lebensglück störte. Der Tod seiner Frau trat zu einer Zeit ein, in welcher er von Wien abwesend war. Sie befand sich zu der Zeit im Schloß Rappoltenkirchen, welches der Sommeraufenthalt der Familie war. Am 10.Juni 1851 wurde ihr unwohl. Sie begab sich vom Park in ihr Zimmer, Blutungen aus der Lunge traten ein und infolge eines heftigen Blutsturzes hatte sie ihr Leben beendet. Er kam auf die traurige Nachricht zurück und konnte sie noch zur Ruhestätte begleiten.

Krankheit und Tod von Georg Simon Sina

Dieser und seiner Enkelin Unglücksfall wirkten auf seine Gesundheit sehr nachteilig. Sein chronisches Nierenleiden wurde von Tag zu Tag ärger und die Umgebung sah mit Schmerz sein Ende herannahen. Seine Krankheit warf ihn in das Bett, welches er auch bis zu seinem Tode nicht mehr verlassen hatte. Er litt während seiner Krankheit außerordentlich viel. Auch volle sieben Wochen konnte er nur durch Einführung des Katheders urinieren und die Abgänge waren meistens Blut und kranke Bestandteile. Ich, der ich in der Nähe war, bedauerte den Baron nicht nur seines Leidens wegen sondern vielmehr wegen seiner Hilflosigkeit, da ihn außer seinem Dr. Aibanschitz und seinem Diener Georg Steiner keiner von seinen Verwandten zur Seite stand.

---

[32] Josef Georg Kornhäusel (13.11.1782 Wien – 31.10.1860 Wien)

Acht Tage vor seinem Tode ließ er mich zu sich rufen und verlangte einen Ertragsausweis seiner sämtlichen Wiener Häuser. Mit gebrochnem Herzen betrachtete ich den so vielfachen Millionär in seinem Bette, sah, wie ihm die Tränen in den Augen standen und bedauerte mit dem größten Schmerze, daß seine siebenwöchentliche Krankheit an seinem Körper so mörderisch gewirtschaftet hatte.

Am nächsten Tag überbrachte ich den verlangten Ausweis. Er nahm ihn mit zitternden Händen, sah ihn durch, legte ihn zur Seite und sagte mit gebrochenen Worten: „Lieber Stauffer, haben Sie dem Georg eine Wohnung gegeben?" – „Ja, Herr Baron", war meine Antwort. „Bleiben Sie so, wie Sie bisher waren. Wenn ich gesund werde, so werde ich auch auf Sie denken." Ich küßte ihm seine kalte Hand; dankte für seine Gnade, verließ mit nassen Augen sein Schlafgemach und sah es erst wieder, als sein letzter Atemzug ausgehaucht war. Sein Sohn, samt Frau und Familie, welche erst einige Tage vor seinem Tode von Venedig in Wien eintrafen, umstanden den Leichnam und zeigten großen Schmerz und Trauer über den Verlust des großen Mannes. Was muß zwischen Vater und Sohn vorgefallen sein, da letzterer erst einige Tage vor dem Tode seines Vaters zu dessen Bette eilte?

Ich erhielt den Auftrag, eine Gipslarve vom Vany zu bestellen und die Vorbereitungen zur Überführung der Leiche nach Rappoltenkirchen in die Gruft zu veranlassen. Als wir zur Abnahme der Gipslarve schritten, fanden wir den Leichnam noch warm, sowie ich auch meinen früher genannten Ausweis, sowie jene des Kryspin von den sämtlichen Gütern, an der Seite des Leichnams fand. Er machte am 9. Mai 1856 durch den Advokaten Dr. Gredler sein Testament, in welchem er seine vier Enkelinnen, Verwandten und Beamten mit Legaten bedachte.

Die Leiche wurde drei Tage im Sterbehause, Hoher Markt Nr. 511 aufgebahrt und wurde sodann nach Rappoltenkirchen in der Familiengruft beigesetzt. Der Andrang zu dieser Leiche war sowohl in Wien, als auch in Rappoltenkirchen sehr groß, da dessen Name weit und breit bekannt war. Dieser Sterbefall machte die anfangs genannten Baulichkeiten auf der Landstrasse zunichte und Kornhäusl war über die Nichtausführung derselben untröstlich.

Betreffend das Testament, so stand sein Sohn als einziges Kind als Universalerbe und seine vier Enkelinnen, seine Verwandten, Beamten und Diener als Legatare. Seine Enkelinnen bedachte er großartig. Er testierte der Anastasia, verehelichte Gräfin Wimpffen das Stadthaus am Lugeck Nr. 3, der Irene, verehelichte Fürstin Maurocordato das Stadthaus, Wollzeile Nr. 1, der Helene, verehelichte Fürstin Ypsilanti das Stadthaus alter Fleischmarkt Nr. 12 & 14 und der Iphigenie, verehelichte Herzogin von Castries, die Stadthäuser Rothenthurmstrasse Nr. 4. Außerdem vermachte er der ersten Enkelin die Herrschaft Fahrafeld in N.Ö.;

der zweiten Mauerbach in N.Ö.; der dritten Eichhorn in Mähren und der vierten Weichrad in Mähren. Diese Legate componierte er derart, daß jede nach seinem Tode ein Einkommen von ca. Fl. 100.000,- erhielt; ein Einkommen, bei welchem man anständig leben konnte. Ferner vermachte er seinen nächsten Verwandten, d.h. der Witwe Zechany, nebst ihren fünf Kindern je Fl. 10.000,-; seinem ersten Comptoiristen Metaxa Fl. 6.000,-; und so herab, je nach ihrer Stellung Fl.10.000,- bis Fl. 3.000,-. Von der Güterdirektion erhielten der Kanzleidirektor Jellinek Fl. 5.000,-, der Cancelist des Barons, Kryspin, Fl. 3.000,-, und alle übrigen Beamten und Diener einen Jahresgehalt mit Ausschluß des Neujahrhonorars. Da mein Jahresgehalt damals nur aus Fl. 1.200,- CM bestand und das Neujahrsgeschenk mit Fl. 500,- ausgeschlossen war, so erhielt ich nur erstere Summe als Legat. Für Stiftungszwecke tat er wenig, deshalb sein Name sehr bald vergessen sein wird. Der griechisch nichtunierten Kirche vermachte er ein Legat von Fl. 20.000,- und der Kirche von St. Peter in der Stadt vermachte er noch bei Lebzeiten eine Summe von Fl.10.000,-. Letzteres Vermächtnis entstand aus Anlaß der glücklichen Rettung Sr. Majestät Franz Josef, aus den Händen des ungarischen, ruchlosen Schneidergesellen, welcher am 18. Febr. 1853 das Attentat ausführte. Diese Stiftungsbedingnisse sind derart, daß alljährlich am 18. Febr. bei St. Peter ein Hochamt gelesen wird, wozu die Hälfte der jährlichen Zinsen für die Geistlichkeit und die andere Hälfte an die Armen verteilt werden. Die Verteilung an die Letzteren geschieht durch den jeweiligen Pfarrer und eines Mitgliedes der Sina'schen Erben. Diese zwei Kirchenstiftungen sind die einzigen, jedoch wenig sichtbaren Monumente, welche sich der vielfache Millionär für immer setzte; denn das Geld, welches in den Händen der Geistlichen ist, wird unter keiner Bedingung, jemals losgelassen.

Als im Jahre 1816 das politechnische Institut in Wien gebaut wurde, so hatte er nach seiner Mitteilung wohl ein Opfer gebracht, aber der Millionstetheil weiß von demselben nichts. Er erzählte mir einmal: „Ich hatte dem Staat einen großen Bauplatz für das Institut geschenkt, derselbe hatte sich aber kaum bedankt; hätte ich mir denselben bezahlen lassen und das Geld für eine Studentenstiftung verwendet, so würden sich manche meiner erinnern." Ich gab meinem Bedauern, daß diese Stiftung nicht zur Ausführung kam, besonderen Nachdruck, in der Absicht, vielleicht läßt er sich jetzt zu einer Stiftung herbei; leider waren meine Kräfte zu schwach zur Realisierung eines solchen Werkes.

Wie ich schon früher bemerkte, erhielten nur zwei Beamte aus der Direktion größere Legate, als dies nach ihren Gehältern zu geschehen hatte. Der eine war der Kanzleidirektor Jellinek, der andere der kleine Leibkanzlist Kryspin. Diese beiden Personen waren bei ihrem Herrn sehr beliebt, aber nicht wegen ihres Wissens, sondern wegen ihres Fleißes, ihrer Unzugänglichkeit für jedes gesellige Leben und besonders aber wegen ihrer großen Servilität. Der erste war ein mährischer Bauernsohn, absolvierte einige lateinische Schulen und kam sonach auf eine Herrschaft als Schreiber. Infolge seiner besonderen Eigenschaften avancierte er bis zu dem Posten eines Oberamtmannes, welche Stelle er auch bis zu dem Jahre 1848, auf der Sina'schen Herrschaft in Wellesrad bekleidete. Wie er dieselbe ausnützte und wie lieb ihn die Untertanen hatten, zeigte seine eilige Flucht in den Revolutionstagen nach Wien. Da für seine Rückkehr keine Aussicht mehr war, so behielt ihn der Baron in Wien und ernannte ihn zum Direktor seiner Güter. Trotzdem sein Wissen zu dessen Posten in keinem Einklang stand, so behauptete er denselben doch bis zu dem Tode des Barons. Nebst dem seichten Wissen hatte er noch zwei gute Eigenschaften, nämlich zweifelhafte Aufrichtigkeit und große Begierde nach Gelderwerb, Letzteres bewies sein hinterlassenes Vermögen, welches nach der Aussage des Dr. Mathoys als Testamentsverfasser, über Gulden 100.000,- betrug. Dieses vermachte er größtenteils der Familie Gensbauer, als lachenden Erben und seiner leiblichen Schwester, welche arm und eine Bäuerin war, hinterließ er ein kaum nennenswertes Almosen. Er starb auf der Landstrasse Hauptstrasse Nr. 341, nach einer mehrjährigen, schmerzhaften Krankheit.

Der andere dieser Glücklichen war der Kanzlist Kryspin, ein armer Schneiderssohn aus Podebrad. Er erhielt ein Legat von Fl. 3.000,- CM, und jenes von Jellinek bestand aus Fl. 5000,- CM. Dieser arme Schneiderssohn besuchte nach Aussage des dortigen Forstmeisters Kutizka die deutsche Volksschule und Hauptschule in Podebrad und ging sodann ein Jahr nach Prag in die Technik, wo er wahrscheinlich, nach seinen Vorkenntnissen, in die Realschule eintrat. Da seine Eltern ihn nicht länger in Prag unterstützen konnten, so ging er nach Vollendung des ersten Jahrganges wieder retour nach Podebrad in der Absicht, irgendwo eine dürftige Unterkunft zu finden. Der Zufall wollte, daß ihm bei seiner Rückreise der Forstmeister Kutizka begegnet und nach einer Weile fragte: „Du, Kleiner, wohin gehst Du? Wo warst Du? Und wer bist Du?" Als ihm Kryspin alles erzählte, nahm ihn der Forstmeister auf seinen Wagen und brachte ihn seinen Eltern zurück. Durch diese Bekanntschaft kam der Kleine in das Haus des Forstmeisters, wo er wegen seiner schönen Handschrift den Kindern des letzteren Schreibunterricht erteilte und sie auch in der deutschen Sprache unterrichtete. Auf diese Weise verblieb er in dem Hause des Forstmeisters und wurde später als Forstschreiber angestellt. Dies erzählte mir nicht nur Kutizka, sondern der herrschaftliche Arzt Dr. Podcek, welcher dem nachherigen Emporkömmling Kryspin anscheinend nicht ganz geneigt war. Es war im Jahre 1844, als der Baron Georg mit seinem Freunde und Kanzleichef, Baron Doblhoff, die Herrschaft Podebrad bereiste und auch von hieraus Resolutionen an seine Güter erließ. Doblhoff coumpirte, Kryspin muntirte und der Baron genehmigte. Als letzterer die hübsche Schrift des kleinen Kryspin sah, sagte er zu Doblhoff: „Dieser Kleine wäre vielleicht auch in Wien zu verwenden, was glauben Sie?"

Als im Jahre 1845 der große Bau des Federlhofes am Lugeck Nr. 768/3 begonnen hatte und ich bei demselben sehr in Anspruch genommen wurde, da sagte zu mir eines Tages Doblhoff: „Sie, Stauffer, in Podebrad befindet sich ein kleines Schreiberl, er hat eine sehr hübsche Handschrift und soll auch etwas zeichnen können, vielleicht könnten Sie ihn verwenden?" Ich dankte für die mir in Aussicht gestellte Arbeitskraft und freute mich auf meinen künftigen Kanzleicollegen. Es währte nicht lange und der Bauamtscanditat traf ein. Als wir die kleine, magere, unansehnliche Figur sahen, waren wir alle erstaunt und ignorierten seine Anwesenheit. Anfangs schlug er sich einige Tage im Hause herum und erst dann, als ihm Doblhoff eine Resolution zum abschreiben übergab, schien die Sonne in seinem Inneren aufzugehen. Er machte sich an die Arbeit, benützte sein Talent für eine hübsche Handschrift und seine Zukunft war von nun an gesichert. Er kam nicht in meine Kanzlei, blieb in der Direktion als Schreiber und avancierte nach und nach zu einer niemals gedachten Persönlichkeit. Ich war für den Ersatz, welcher mir in Aussicht gestellt war, nicht böse, da ich später entnahm, daß Kryspin nicht die geringsten technischen Kenntnisse besaß. Ungeachtet seines seichten Wissens, hatte sich dieser junge Mann die Gunst des Barons doch recht bald erworben. Von Haus aus arm und für jedes gesellige Leben unzugänglich, schlug er sich früh und spät in der Kanzlei, in dem Vorzimmer des Barons, sowie in dessen Küche herum und horchte mit Sehnsucht nach den Tritten des Bediensteten, ob derselbe nicht Befehle von seinem Herrn an ihn zu überbringen hatte. Zufolge dieser guten Eigenschaften erhielt er den gemeinschaftlichen Tisch mit dem Koch Batty, einen Quartierbeitrag und eine ziemlich gute Besoldung. Und da er für seine Person gar keine Bedürfnisse hatte, so legte er sich schon damals einen Teil seines Einkommens zurück.

Strebsame Menschen, welche wissen, daß sie infolge ihrer geringen Studien niemals eine höhere Stellung erreichen können, unternehmen am Ende alles Mögliche, um nur ihren Zweck zu erreichen. Dies war nicht nur beim Jellinek, sondern auch bei dem Kryspin der Fall. Sie waren Fleißig, sehr untertänig, auch nicht minder zuträglich und somit blieben sie immer in der Gunst des Herrn. Freilich machten diese Eigenschaften ein böses Blut bei den übrigen Direktionsbeamten, und gefielen auch nicht dem künftigen Erben und Nachfolger des Hauses Sina.

Simon Georg Sina

Dieser Erbe war sein Sohn, Simon Baron Sina, ein ausgezeichneter, wohltätiger Mann. Es war ihm bei Lebzeiten seines Vaters immer unangenehm zu sehen, wenn an die Gutsverwalter Resolutionen wegen Erhöhung von Verpachtungen, oder von Früchtenpreisen ergingen. Da er wußte, daß diese Anordnungen von Jellinek verfaßt und von Kryspin muntirt waren, so waren ihm beide ein Dorn im Auge. Einmal äußerte er sich beim Doblhoff in meiner Gegenwart: „Wenn ich einmal Herr werde, so sind Jellinek und Kryspin die Ersten, welche ich davonjage."

Die Ansicht des guten Barons war zu der Zeit wohl eine andere, als später, wo er selbst Herr wurde. Da er seine Bedürfnisse aus der Kasse seines Vaters bedeckte, so konnte er nicht begreifen, warum immer höhere Preise verlangt werden. Er war daher immer böse, wenn an die Güter erhöhte Anforderungen hinausgingen.

Wie abgeneigt er dem Jellinek war, zeigte einmal die Bemerkung, als ich mit Jellinek die Herrschaft Dudett in der Walachei bereisen sollte: „Wenn der Jellinek nicht mehr zurück käme, so wäre ich nicht böse, um Sie Stauffer wäre mir leid."

Das Jahr 1848 war für Kryspin sein Glück. Alle Beamten des Barons flüchteten sich mehr oder weniger aus Wien, nur Kryspin blieb in der damaligen aufgeregten Stadt. Als der alte Baron auch dieselbe verließ und auf die Herrschaft Rappoltenkirchen übersiedelte, so nahm er den Kryspin mit sich. Er mußte jetzt die Stelle des Jellinek und auch die seine vertreten, d. h., er wurde hier Concipient und Abschreiber. Da er in dem Sinne des Barons arbeitete, so hatte ihn letzterer sehr lieb und behielt ihn fortwährend in seiner Nähe. Ich widmete diesen zwei Persönlichkeiten mehr Zeit als ich dachte, werde noch einmal auf sie zurückkommen, muß aber jetzt meine früheren Erzählungen wieder fortsetzen.

Durch den Tod des Baron Georg kam sein Sohn Simon in den Besitz so vieler Güter, Häuser und Effecten und war von nun an ein großer Millionär und unser Herr und Gebieter. Der erste Auftrag an mich war die Auferlegung einer Zeichnung, für einen Prachtsarg seines Vaters. Nach Vollendung derselben wurde der Sarg mit Bewilligung des Barons bestellt, sehr reich und meisterhaft durchgeführt und steht als Zierde unter den übrigen in der Gruft in Rappoltenkirchen.

Die erste Arbeit unseres neuen Herrn war die Besetzung seiner obersten Beamtenstellen. Mit der Wahl derselben war man nicht so genau, was die späteren Versetzungen hinlänglich bewiesen. Man sah weniger auf ein tüchtiges Wissen, als auf das Wohlwollen, welches die Günstlinge von ihrem Herrn genossen hatten.

Der erste von diesen Glücklichen war der frühere Häuserinspector Lasko, ein Grieche von Geburt, welchen der verstorbene Baron zwei Jahre vor seinem Tod, aus mir unbekannten Gründen, entlassen hatte. Der Zweite war der Hofrichter Lits aus Ungarn, ein großer, kräftiger Mann, aber für den Posten eines Wirtschaftsdirektors zuwenig wissenschaftlich gebildet. Er war der Sohn eines ungarischen Schafmeisters, hatte wenig Vorbildung genossen, sowie wenig Länder und Menschen zu sehen bekommen und hatte nur den Ruf, ein guter Schafzüchter zu sein. Der Dritte war ein ungarischer Fiskal, namens von Stojanovits, ein Gutsbesitzer, ein nobler Lebemann, aber ein seichter Jurist. Er war früher herrschaftlicher Fiskal und wurde später Jurinum-Direktor in Wien, ein Titel, welcher selten vorkommen dürfte. Als vierter dieser Größen war der frühere Comptoirist Metaxa, ein im Hause erzogener Grieche, und ein Liebling des verstorbenen Barons. Als Beweis dient das große Legat per Fl. 6.000,-, welches derselbe vom letzteren erhalten hatte.

Nachdem die obersten Spitzen besetzt waren, so kam die Reihe an uns. Der frühere Kanzleidirektor Jellinek wurde Vorstand der Domänenbuchhaltung. Er erhielt sonach ein Fach, in welchem er wenig gearbeitet und wenig verstanden hatte. Der Kanzlist Kryspin kam in die Kanzlei des Laskos und wurde Revident. Da er weder ein Forstmann, weder Landwirt, noch weniger Techniker war, so konnte man schließen, welchen Wert seine Arbeiten hatten.

Sina'scher Bauinspektor

Ich wurde jetzt ausschließlich für die Bauten bestimmt. Die Häuserinspektion, welche ich nebenbei seit 2 Jahren versah, mußte ich dem Lasko abtreten, und erhielt hiefür den Titel Bauinspektor, wahrscheinlich, weil ich früher nebst meinem Ingenieurs-Charakter den Titel Häuserinspektor führte.

Die Gehalte der vier obersten Stellen wurden bedeutend honorirt, jene der übrigen Beamten wurden auch erhöht und so konnte jeder mit seinem Lose zufrieden sein. Bei dem Tode des Barons war mein Gehalt Fl. 1.200,- Mz und Fl. 500,- Neujahrsgeld. Von nun an erhielt ich Fl. 2.000,- Gehalt und Gulden 300,- Neujahrsgeschenk. In derselben Höhe wurde auch der Revident Kryspin bedacht und so im ähnlichen Verhältnis die übrigen Beamten und Diener. Kryspin war trotz seiner Gehaltsaufbesserung unzufrieden, weil er keine selbstständige Stellung hatte und der neue Herr seiner wenig bedurfte. Man sah, daß es in seinem Inneren nicht richtig zuging; denn er gebrauchte in der Kanzlei oftmals Worte, welche man von diesem servilen Mann niemals erwartet hätte. Jellinek fügte sich in sein Loos, denn er war der Diener jeder Zeit, wenn dieselbe seinem Säckel zuträglich war. Ich war mit meinem Loos zufrieden, machte mir durch den Übergang des kolossalen Vermögens an den jungen Herrn große Hoffnungen, wurde aber in mancher Beziehung nur zu früh getäuscht.

Zu dieser Zeit wurde mein Leberleiden heftiger und ich ersuchte den guten Baron um einen Urlaub, um eine Badecur nach Marienbad antreten zu können. Ich erhielt ihn mit dem Bemerken, daß ich mein Legat per Fl. 1.200,- erhalten kann, aber nicht mit den wohlwollenden Worten, welche ich bisher von ihm, meinem Protektor, als den er sich selbst nannte, gewohnt war. Ich dankte für die große Gnade, dankte für das erhobene Geld und reiste mit meiner Frau nach Marienbad, um eine vierwöchentliche Cur mitmachen zu können. Mir schlug dieselbe gut an, weniger war dies der Fall bei meiner Lotte. Besonders beunruhigte sie der Gedanke, was werden unsere Kleinen, besonders der kleine Othmar, welcher mit der Fanny und dem Viktor beim Großvater in Gröschlmauth waren, machen.

Außerdem war die Arme in gesegneten Umständen, daher die fortwährende Angst und Aufregung.

Tod des Sohnes Othmar

Nach vollendeter Cur machten wir die Rückreise über Radmeritz, wo wir auf der gräflich Chotek'schen Herrschaft, bei den Brüdern meiner Frau, Rasttage hielten. Leider kam schon am zweiten Tag ein Schreiben aus Gröschelmauth mit der Anzeige, das unser kleiner Othmar unwohl sei. Meine arme Lotte packte augenblicklich und fuhr ungesäumt zurück nach Gröschelmauth. Welche Gedanken, welche Schmerzen müssen die Arme während der Reise geplagt haben. Sie kam den nächsten Tag, um fünf Uhr nachmittag in Gröschelmauth an und traf zu ihrem Schmerz weder die Kinder, noch sonst jemand Bekannten vom Hause zu ihrer Begrüßung. Oh, welcher schrecklicher Schmerz bei dem Empfang! Der kleine Othmar war tot und wurde eine Stunde vor ihrer Ankunft im Ortsfriedhof Paulitz begraben. Welchen Schmerz meine Lotte damals empfunden hatte, ist meine Feder nicht im Stande zu schildern. Ich kam den nächsten Tag nach Gröschelmauth und fand den trostlosen Zustand meiner Frau; aber nicht mehr meinen lieben Othmar. Nach dem Ausspruch des Arztes starb er an einer Darmkrankheit. Seine Seele entstieg am 4. August 1856, um 3/4 10 Uhr früh gegen den Himmel, wo sie über die trauernden Eltern noch wachen dürfte. Nach diesem Unglück packte ich meine Frau und meine lebenden zwei Kinder zusammen und trat trauernd die Rückreise nach Wien an.

Zu dieser Zeit befand sich der Baron Sina mit seiner Frau und Familie in Baden bei Wien, wo er nach dem Tode seines Vaters den Rest des Sommers verbrachte. Ich besuchte ihn nach meiner Rückkunft, dankte nochmal für meinen Urlaub und teilte ihm den Tod meines Kindes mit.

So freundlich er sonst gegen mich war, so unfreundlich trat er mir diesmal entgegen. Er rügte nicht nur meine kurze Überschreitung des Urlaubes, sondern stellte mich zur Rede, wie ich für fremde Leute, ohne seine Erlaubnis, arbeiten kann. Jetzt wußte ich woher der Wind bläst. Ich hatte auf Ansuchen meines Schwagers dem Grafen Chotek für sein Gut Pläne gemacht und den Zimmermeister, einen Freund Laskos, zur Concurrenz beigezogen. Letzterer hatte dies wahrscheinlich erfahren und da er mich als seinen Rivalen wegen der Häuserinspection ansah, so dürfte er diesen Gegenstand dem Baron mitgeteilt haben. Ich erhielt bei dieser Gelegenheit den Auftrag, daß ich in Zukunft nur für ihn und für keine fremden Parteien zu arbeiten habe. Durch dieses Manneuvre hatte Lasko einen Teil seines Planes erreicht. Er fürchtete noch immer, daß ihm die Häuserinspection, welche seit mehreren Jahren in mein Ressort gehörten, entgehen könnte, was meines Erachtens, da ich mich um dieselbe gar nicht bewarb und ich mit meinen Baulichkeiten hinlänglich zu tun hatte, eine überflüssige Besorgnis war. Der Baron setzte ihn wieder in seine frühere Stellung ein und Lasko amtierte jetzt wieder so, wie vor seiner Entlassung.

Wie ich schon früher erwähnte, war meine jetzige Beschäftigung ausschließlich das Baufach und mein Titel, Bauinspector. Ich hatte sonach auf den Gütern und in den Häusern zu tun. Durch letztere kam ich mit Lasko in Berührung und ich staunte, wie freundlich er jetzt mit mir war. Der alte Grieche war schlau. Er hatte sein Ziel erreicht und meine Dienste benötigt, daher das schnelle Drehen des Mantels nach dem Winde. Wir arbeiteten noch 20 Jahre mitsammen und er wurde ein guter Freund und College. Durch diese Annäherung zwischen uns beiden, verschwanden wahrscheinlich seine Ohrenbläsereien, was ich an dem wieder erwachten Wohlwollen, welches der Baron mir wieder zeigte, entnommen habe.

Noch in diesem Jahre 1856 bereiste der Baron die Güter Wellehrad und Trencin, wo ihn die Güterdirektoren Lits und Netopil und ich begleiteten. Es war sein Wunsch, den Badeort Trencin zu heben, zu verschönern und denselben mit hübschen Bauten auszustatten. Ich erhielt den Auftrag, die Pläne und Überschläge zu verfassen und ihm zur Genehmigung vorzulegen. Das ganze Elaborat wurde den kommenden Winter verfaßt, und da es die Genehmigung erhielt, der Bau, ein großes National-Hotel, im Frühjahr 1857 begonnen. Derselbe war groß. Er hatte zwei Fronten gegen den Platz und den Fluß und eine gegen den Garten. Im Parterre befanden sich Speise-, Kaffee-, und Tanzlocalitäten und in den zwei Stockwerken ausschließlich Passagierzimmer. Es wurde alles solid und hübsch ausgeführt und ist noch heute das schönste Gebäude im Badeorte. Außerdem erbaute ich noch eine Arena und eine Wandelbahn, zur Belustigung und zur Bequemlichkeit der Badegäste.

Geburt der Tochter Irene

Im Frühjahr 1857 beschenkte mich meine Frau abermals mit einer Tochter, welche am 5. Februar, 3/4 auf ein Uhr mittags, das Licht der Welt erblickte. Als Patin stand ihr die Tante Maria Willner zur Seite und sie wurde auf den Namen Irene Maria Karolina getauft. Die Geburt dieses Kindes war langwierig und schmerzhaft. Nach langen Wehen mußte es durch den Geburtshelfer Strozenberger, einem alten 60jährigen Arzt, genommen werden, und nur der Geschicklichkeit dieses Mannes war es zu danken, daß Mutter und Tochter am Leben blieben. Die Erstere erholte sich bald wieder, die Letztere wuchs fort, blieb aber ein schwächliches Kind durch längere Zeit.

In diesem Jahre trat der Baron mit seiner Frau und seinen Kindern die Reise nach der Schweiz an. Bevor er diese unternahm, ließ er mich rufen und machte die Mitteilung, daß er gesonnen sei, nachfolgende Bauten ausführen lassen zu wollen. Ein hübsches Glashaus zu Penzing Nr. 162. Ein großes Fruchtmagazin in Erdberg, Donaulände Nr. 4. Eine Reitschule samt Stall und Wagenremise auf der Landstrasse, Backgasse Nr. 349 und ein drei Stock hohes Zinshaus daselbst,

Ungargasse Nr. 366. Zugleich gab er den Auftrag, die Pläne und Überschläge zu verfassen und seiner Genehmigung zu unterbreiten. Dabei machte er die Bemerkung: „Machen Sie auf der Landstrasse was Hübsches, warum sollte ich immer zum Lichtenstein oder Schwarzenberg gehen, wenn ich reiten will." Vor allem kam der Bau des Glashauses an die Tour. Dasselbe wurde im Frühjahre begonnen und im Herbst desselben Jahres beendet und fiel recht gut aus. Erzherzog Franz Karl, welcher im Sommer in Schönbrunn wohnte, besichtigte dasselbe und drückte sich lobenswert aus. Nach der gelegten Collaudirungsrechnung erhielt ich vom Baron den Ausdruck seiner Zufriedenheit und ein Honorar von Fl. 300,-.

Da nun die Pläne und Überschläge zu den übrigen Bauten zu machen waren, so ersuchte ich um eine Aushilfe und ich erhielt sie bereitwilligst zugesagt. Ich suchte nach einem Mann, der theoretisch und praktisch gebildet sei und ich fand denselben in dem Bauzeichner, Ernst Storch, ein Thüringer, Sohn des Dichters Storch, welcher zu der Zeit bei dem k. k. Ingenieur Zettl beschäftigt war. Da ihm die Anstellung beim Sina aussichtsvoller, als jene beim Zettl schien, so verließ er seinen Posten und trat später bei mir ein. Dadurch erhielt er eine bedeutende Erleichterung und sowohl ich, als der Baron, waren zufrieden.

Im Jahre 1857, im Herbst, wurden die Bauten in Erdberg und auf der Landstrasse begonnen und somit das große Fruchtmagazin und das Zinshaus binnen 18 Monaten vollendet. Der Ersteher dieser Bauten war der Baumeister Eduard Frauenfeld, ein tüchtiger, gebildeter Mann, aber keiner von jenen, welche durch ihre praktischen Kenntnisse, Geld zu verdienen wußten. Diese Letzteren sind gewöhnlich die Geldmacher, indem die Ersteren, wenn sie nicht sehr vorsichtig zu Werke gehen, gewöhnlich zu Grunde gehen, was ich in meiner Praxis nur zu oft erlebt hatte. Baumeisterssöhne mit Vermögen wurden arm und einfache Portiers, wenn sie es bis zur Selbstständigkeit brachten, wurden meistens reiche Leute. Die Hauptpoliers der obigen Bauten waren, der Polier Flam und mein Bruder Ferdinand Stauffer, welche jeder Baumeister geworden sind. Ersterer hatte sich sogar mehrere Häuser erworben, konnte sein Glück aber nicht lange genießen, da er als ein ziemlich junger Mann der Welt Adio sagen mußte, mein Bruder lebt noch heute, brachte es aber zu einem kaum nennenswerten Vermögen, da er zu wenig Energie von jeher in seinem Leben hatte. Oezelt, Theiss, Flucher, Engelbrecht, welche alle in diese Kategorien gehörten, waren auch nichts als Maurerpoliers, wurden aber durch ihren Fleiß und ihre Praxis sehr wohlhabende Leute, ersterer und letzterer sogar Millionärs.

Zu der Zeit war es noch Vorschrift, daß jeder angehende Baumeister ein praktisches Zöglingsstück ablegen mußte. Dasselbe bestand in der Ausführung eines Neubaues, bei welchem der Zögling die Stelle des Hauptpoliers zu vertreten hatte. Nun, wie überall, so war es auch hier nur eine Formalität. Die theoretisch gebildeten Zöglinge, konnten die Stelle eines Hauptpoliers, besonders aus Sicherheitsrücksichten, niemals vertreten, sondern sie blieben während des Baues in der Baukanzlei, halfen Zeichnen, besichtigten mit dem Hauptpolier die Ausführung des Baues und legten nach Vollendung desselben, die theoretisch- und praktische Prüfung ab. Sie bekamen Fragen aus der absoluten und relativen Festigkeit der Materialien, Fragen aus der Geometrie und Trigonometrie und Fragen aus dem praktischen Leben. Beantworteten dieselben diese Fragen nur halbwegs, und lagen die von ihnen copierten Baupläne vor, so wurden sie absolviert und erhielten ein Zeugnis, welches sie als Baumeister befähigt.

Einen solchen Zögling hatte ich bei dem Bau in der Ungargasse Nr. 366 und einen zweiten bei jenem in der Bockgasse Nr. 349. Der erste war der jetzige Stadtbaumeister Eduard Kaiser und der letzte der Stadtbaumeister Ferdinand Stauffer. Kaiser war einer von jenen Zöglingen, welcher sein Zöglingsstück nur formal ausführte. Er war mehr Theoretiker und hätte ohne Hauptpolier den Bau niemals ausführen können. Stauffer war Praktiker, hatte früher beim Oezelt und beim Frauenfeld die Stelle eines Poliers bekleidet und konnte seine Zöglingsstücke wirklich correct ausführen, freilich mit der größten Nachsicht bei den theoretischen Fragen. Dieser dürfte einer der letzten gewesen sein, welcher noch ein praktisches Zöglingsstück auszuführen hatte, da gleich darauf diese Formalität aus der Bauordnung verschwand.

Rege Bautätigkeit in Wien

Betreffs der mir von dem Baron übertragenen Neubauten in Wien, war ich der Verfasser der Pläne und Leiter der Bauten, und Lasko, der Günstling des Barons, war der Financier und Approbant. Unsere gemeinschaftlichen Unterschriften genügten, damit der Geschäftsmann bei der Kasse sein Geld erheben konnte. Außer diesem Vertrauen besaß ich von dem 8aron noch eine schriftliche Vollmacht, mit welcher ich ihn bei all seinen Gütern und Häusern gerichtlich und außergerichtlich vertreten könnte.

Während der Bauperiode 1858 und 1859 erhielt ich jedes Jahr einen Urlaub nach Karlsbad, was bei der angestrengten Tätigkeit für meine Gesundheit sehr zuträglich war. In dem letzten Jahre, in welchem die italienischen Schlachten geschlagen wurden, begleitete mich meine Frau und es war gerade nicht angenehm, die ungünstigen Nachrichten über unsere Armee in den Zeitungen zu lesen. Besonders mußte es jeden echten Österreicher bis in die Seele schmerzen, wenn er das Frohlocken so mancher Nationalitäten über die Siege der Franzosen und Italiener vernahm. Selbst manche Ungarn und Slaven unterdrückten kaum ihre Freude über so manchen Hieb, welchen unsere Soldaten erhielten.

Es war das eine traurige Zeit für mich und meine Frau, eine ungünstige Cursaison. Bei solchen Zeiten tut es einem wohl, wenn von irgend einer Seite ein Freudenstrahl eintrifft. Unter den größten Kriegsunruhen schickte der gute Baron aus Vevey eine Cassaanweisung von Fl. 500,-, welche bei seiner Hauptkasse in Wien ausbezahlt wurde. Dieser Act machte mir nicht nur in finanzieller Beziehung eine Freude, sondern es wurde auch mein Inneres befriedigt, da ich sah, daß er sich trotz seiner Abwesenheit meiner erinnert und er mit meinen Leistungen zufrieden sei.

Solange der Baron Sina auf Reisen war, hatte er immer zwei Secretäre bei sich, welche seine Correspondenzen besorgten. Für die französischen war ein gewisser Lemé für die deutschen ein früherer Comptoirist Soyer beauftragt. Nachdem diese zwei nicht mehr genügten, wurde der Jur. Secretär Joanovits und der Revident Kryspin einberufen, wonach sodann vier Secretäre an seiner Seite waren. Lemé besorgte die französischen- und Soyer die deutschen, d.h. die kaufmännischen Correspondenzen, wie ich schon vorne bemerkte. Für die Güter hatte Joanovits die ungarische, Kryspin die deutsche und slavische Correspondenz. Durch diese neue Einteilung gelang es Kryspin, sich wieder bemerkbar zu machen. Er stieg sonach auch bei dem neuen Herrn von Stufe zu Stufe und erreichte seine heutige sehr schöne Stellung.

Von allen diesen Vieren war Joanovits die Perle. Von Haus aus als ungarischer Serbe, genoß er eine tüchtige Bildung, welche ihm schon in der Jugend sein Vater, als griechischer Geistlicher, beibringen konnte. Er studierte Theologie, sodann Jus und wurde als ungarischer Landesadvocat, in Wien in der Centraldirektion angestellt.

Lemé als französischer Lehrer der Baronessen dürfte in seinem Fache bewandert gewesen sein; aber seine späteren Leistungen zeigten mehr einen Gesellschafter, als einen Fachmann.

Eine tüchtige Arbeitskraft war der deutsche Correspondent Soyer. Derselbe war ein geborener Bayer, in der Nähe von München, wo sein Vater Ledermeister war. Er studierte einige lateinische Schulen und kam mit 14 Jahren in die Lehre seiner Vaters. Von hier ging er in ein Handelshaus, trat in seinem 22. Jahre die Reise nach Wien an, wo er nach längerem Suchen in dem Hause Sina Aufnahme fand. Er war ein fleißiger und gefälliger Mann, hatte ein gutes Sprachentalent, wonach er sich fremde Sprachen recht bald aneignen konnte. Er sprach außer seiner Muttersprache, französisch, italienisch und etwas Latein; und da er die griechische Gouvernante und Erzieherin der Baronessen kennen lernte, und später mit ihr ein Liebesverhältnis anknüpfte und sich auch verehelichte, so lernte er auch griechisch, was für einen Deutschen immer Schwierigkeiten bereitet. Wie beliebt dieser Mann in dem Sina'schen Hause war, zeigten seine erhaltenen Legate. Von dem alten Herrn erhielt er Gulden 10.000,- und von dem jungen, d.h. von dem letzten Sina, Gulden 20.000,-. Er wurde auch Secretär bei der Witwe des letzteren und steht bei derselben noch heute in außerordentlicher Gunst. Ich diente neben ihm über 30 Jahre, er hatte sich gegen mich immer als Freund gezeigt und ich kann ihm deshalb nur das beste Zeugnis ausstellen.

Dieser Soyer dürfte die Ursache gewesen sein, daß der Revident Kryspin nach Vevey berufen wurde. Sie waren schon in der Revolutionszeit im Jahre 1848, mit dem alten Baron in Rappoltenkirchen beisammen, wo sich der letztere in Sicherheit flüchtete. Soyer führte damals die kaufmännische, Kryspin die ökonomische Correspondenz. Auch hier in Vevey wurde dem letzten diese Arbeit übertragen, und da er fleißig und sehr servil war, so errang er sich die Gunst des jetzigen Herrn gerade so, wie er diese bei dem Verstorbenen hatte.

Als sich zu dieser Zeit die älteste Tochter des Barons, die Baronesse Anastasia, mit dem Marineoffizier, den Grafen Viktor von Wimpffen in Vevey vermählte, so hatte auch Kryspin mit deren Kammerjungfrau das Band der Liebe soweit gesponnen, daß auch diese Verehelichung bald nachfolgen konnte. Sie war eine große, ganz gut gebildete Person und man mußte nur staunen, wie sie in ein solches Verhältnis eingehen konnte, da er nicht nur klein und unhübsch war, sondern gar kein fühlendes Herz für eine Frau hatte. Ihr Glück währte auch nicht lange. Nach einem Jahr gebar sie einen Knaben, welcher auch lebt; aber die Arme hatte gleich nach der Geburt ihr irdisches Dasein mit dem himmlischen vertauscht. Wie glücklich ihre Ehe war, beweist ihr Testament. Einen Theil ihres Vermögens vermachte sie ihrem Kinde, den anderen ihren Verwandten und ihren Mann ließ sie leer ausgehen.

Umbau des Palazzo Grassi in Venedig

Während der Reisen des Barons im Auslande gesellten sich Künstler und lustige Leute an seine Seite, und er hatte nicht nur Freude an denselben, sondern er sorgte auch für deren Beschäftigung. Von diesen Gesellschaften sind der Mahler Rahl[33], der Architekt Hansen[34] und der Ingenieur Kreuter[35] zu nennen. Letzterer war ein Bayer, ein Landsmann des Soyers, welcher auch zuerst beschäftigt wurde. Als der Baron bei seinem Aufenthalt in Venedig den Palazzo Grassi kaufte, so erhielt Kreuter den Auftrag, denselben zu adaptieren und bewohnbar zu machen. Er ging ans Werk. Mit einem jungen Berliner Architekten zerstörte er den großen Prachtsaal, machte daraus vier kleinere, adaptierte nach allen Seiten und gab dem alten Palazzo eine neue Fassade. An die Stelle des früheren Freskos wurden Stuck- und Vergolder-Arbeiten gesetzt, das Haus wurde modernisiert und von der alten, italienischen Kunst ist keine Spur mehr zu sehen. Die Wohnungen prunkten vor Gold und Seide; aber der frühere große Plafond, welcher kostbarste Fresken besaß, wurde am Dachboden an die Bauträme angenagelt und wird für die Kunst für immer verloren sein. Als ich im Jahre 1873 den Baron in Venedig, wo er den Winter verbrachte, besuchte und den Vandalismus in dem Palais sah, war ich ganz erbost über die Urheber dieser Zerstörung.

---

[33] Carl Rahl (13.8.1812 Wien – 9.7.1865 Wien)
[34] Theophil Hansen (13.7.1813 Kopenhagen – 17.2.1891 Wien)
[35] Franz Jakob Kreuter (10.1.1813 Lohr – 10.11.1899 Wien), Ingenieur und Architekt.

Eine zweite Arbeit erhielt Kreuter durch die Adaptierung des ersten und zweiten Stockes in dem Hause, Stadt Hoher Markt Nr. 511, wo die Sinas ihren gewöhnlichen Stammsitz hatten. Er mußte die Zimmer des ersten Stockes für Salons und jene des zweiten zu seinem Wohngebrauch herrichten. Diese Arbeiten dauerten über zwei Jahre, kosteten sehr viel Geld und trotz der vielen Vergolder-Arbeiten machen sie keinen schönen Eindruck, da ihnen für Empfangsfeste die größeren Dimensionen fehlen.

Rahl erhielt Aufträge in der Malerei und führte in derselben Lohenswertes aus. Er malte vier große Bilder aus der griechischen Geschichte, einen Fries für die Academie der Wissenschaft in Athen, die beiden Porträts der griechischen Majestäten, König Otto und dessen Gemahlin und mehrere Porträts vom Baron. Dieser Künstler hatte aus dem Hause Sina viel Geld bezogen, seine Werke sind aber das beste, was der Baron von Kunstwerken besaß.

Hansen, als dritter der Kunstfreunde, erhielt den Auftrag, zu dem früher genannten Hause am Hohen Markt eine neue Fassade zu entwerfen und dieselbe auszuführen. Derselbe erledigte sich seines Auftrages durch die hergestellte Facade, welche am Hohen Markt zu sehen ist. Dieselbe wollte anfangs nicht gefallen, wurde vom Publikum sehr critisirt, endlich gewöhnte man sich an dieselbe und heute spricht Niemand ein Jota von ihr. Das Hübscheste sind die vier kleinen Freskos im Vestibül und jene im Speisesaal, welche von Rahl entworfen und von dessen Schülern Eisenmenger[36] und Kripenkerl[37] ausgeführt wurden.

Obwohl ich bei dem Baron als Haustechniker angestellt war, so hatte ich auf die Kreuter'schen Arbeiten keinen Einfluß, da ich mit meinen Aufträgen vollauf zu tun hatte. Erst dann, als sich die Arbeiten in die Länge zogen, und dieselben die Zeit vielfach überschritten, erhielt ich den Auftrag, die Rechnungen zu revidiren und dem Baron Bericht zu erstatten. Da aber bei jeder Baurechnung eine Collaudierung vorausgehen mußte, dieselbe aber nach der Vollendung der Arbeiten aus gewissen Gründen nicht ausführbar war, so konnte ich eine Revision nicht vornehmen, sondern der Baron mußte alle Rechnungen begleichen, welche ihm Kreuter vorgelegt hatte. Zufolge dessen entstanden zwischen beiden Differenzen, welche aber nichts weniger, als zu Gunsten des Barons ausfielen.

---

[36] August Eisenmenger (11.2.1830 Wien – 7.12.1907 Wien). Die bedeutendsten seiner Werke sind die Deckengemälde für die Gesellschaft der Musikfreunde, die Plafondmalereien im großen Saal des Grand Hôtel und in der Treppenhalle des Tietzschen Palais am Schottenring, die Ölmalereien im Palais Gutmann, die Fresken an der Rückseite der Akademie und die Friesmedaillons im Museum für Kunst und Industrie.

[37] eigentlich Christian Griepenkerl (17.3.1839 Oldenburg – 22.3.1912 Wien). Sein erstes Bild „Ödipus, von Antigone geführt" nahm Carl Rahl zum Anlass, seinen Schüler bei den Freskoarbeiten in der Treppenhalle des Waffenmuseums sowie in den Palais Todesco und Sina zu beschäftigen. Erst nach Rahls Tod begann Griepenkerl selbständige Arbeiten, zu denen er von Theophil Hansen u. a. für die Palais Ephrussi und Epstein, aber auch für den Palazzo Grassi herangezogen wurde.

Anders verhielt sich die Sache zwischen Hansen und mir. Bei allen Bauten, welche er für den Baron in Österreich ausführte, erhielt er den architektonischen und ich den administrativen Teil. Er verfaßte die Pläne, ich besorgte die Revisionen der Rechnungen und auf solche Weise mußten wir auch beide Lob und Tadel von dem Baron ertragen, wenn die Arbeiten und deren Kosten nach oder gegen seinen Willen ausfielen.

Eine zweite Arbeit erhielt Hansen durch den Bau einer Academie der Wissenschaft in Athen. Der Baron, obwohl ein geborener Wiener, war Abkömmling einer macedonischen Familie und Genosse der griechisch nicht unirten Religion. Er wollte für Griechenland etwas tun und gab Hansen den Auftrag, einen Monumentalbau zu entwerfen, dessen Kosten zu bestimmen, damit er das Weitere anordnen kann. Das war ein Wasser auf die Mühle des Hansens. Er machte sich mit seinem Zeichner, Architekten Ziller, an die Arbeit, und projektierte einen Bau, welcher auf eine Million Gulden projektiert war. Außer diesem Präliminare erhielt der Maler Kripenkerl für die hergestellten Bilder Fl. 30.000,- und der Bildhauer Drossis[38], ein geborener Grieche, für das Gibelfeld und zwei Statuen außer dem Gebäude, und jener des Barons für dieselben Fl. 100.000,-. Dieser Bau wurde von dem Baron in allen seinen Details genehmigt und testamentarisch festgesetzt und vom Hansen im Jahre 1862 begonnen. Als Bauleiter und Rechnungsführer wurde der Architekt Ziller, ein geborener Sachse, nach Athen geschickt, von demselben bis heute fortgeführt, ohne zu wissen, in welcher Zeit derselbe vollendet werde. Nach den bisher vorgelegten Fotografien wird der Bau imposant und die Rechnungen zeigen, daß das Präliminar wahrscheinlich nicht eingehalten werde. Als Curiosität sei bemerkt, daß Ziller der Leiter und Rechnungsleger in einer Person sei und daß die Rechnungen mehr kaufmännisch als technisch gelegt werden. Hansen reiste mehrere Male nach Athen und versah auch die Ziller'schen Rechnungen mit seiner Unterschrift.

Endlich gesellte sich zu diesen drei genannten Künstlern ein Vierter, der Maler Bertelli[39] aus München, welcher einige Bilder für das Palais, H. Markt Nr. 511 und ein Plafond-Bild für das Schloß Rappoltenkirchen malte, welche aber jenen von Rahl nachstehen. Ich schließe über diese Künstler, werde später auf einen oder den anderen zurückkommen.

Neue Wohnung in der Ungargasse

Betreffend meiner Tätigkeit muß ich bemerken, daß die von mir ausgeführten Bauten im Jahre 1859 größtenteils vollendet wurden und daß der Baron infolge seiner Zufriedenheit, mich extra honorierte und mir eine Gratis-Wohnung, Ungargasse Nr. 9, auf drei Jahre bewilligte. Diese bezog ich im Oktober 1859 mit meiner Frau und meinen drei Kindern, sie machte uns sehr viel Freuden, aber

---

[38] Leonidas Drossis (4.12.1834 Athen – 6.12.1882 Neapel)
[39] Es handelt sich um Johann Baptist Berdellé (15.5.1813 Mainz – 19.7.1876 München)

recht bald große und schwere Leiden. Obwohl sie wegen gänzlicher Austrocknung um sechs Monate länger als gewöhnlich leer stand, so zeigten sich doch recht bald feuchte Flecken an den Tapeten; und da unsere Kinder nach drei Monaten an Scharlach erkrankten, so machten wir uns Vorwürfe über die Beziehung eines neu erbauten Hauses. Meine Fanny erkrankte zuerst, meine Irene zuletzt. Die Mädchen widerstanden der Krankheit gut, nicht so leicht war es bei meinem siebenjährigen Viktor. Derselbe bekam den Scharlach so heftig, daß sein Inneres, sowie sein Äußeres einer verbrannten Kruste glich. Wir betrachteten ihn schon als aufgegeben, da er einige Tage in einem sprach- und bewußtlosen Zustande lag. Meine gute Lotte ging Tag und Nacht nicht von seiner Seite. Als ihre Kräfte erschöpft waren, so hütete ich eine Nacht sein Krankenlager. Nach 11 Uhr nachts wurde ich von meiner braven Schwägerin Leopoldine, damals ein junges Mädchen, abgelöst. Ich begab mich in mein Kabinet, legte mich ins Bett in der Absicht, den Schmerz zu verschlafen. Leider war dies nicht gut möglich, da ich den Armen noch immer vor Augen hatte. Endlich überwältigte mich der Schlaf und ich schlief nach einer Pause ein. Der Schlaf währte nicht lange. Die Türe meines Kabinets wurde geöffnet und die Stimme meiner Schwägerin rief herein: „Stauffer! Der Viktor schläft, komm heraus und sieh nach." Ich sprang aus dem Bette, eilte zu meinem Kinde und fand es schlafend. Ich weckte meine Lotte, teilte ihr die Krisis der Krankheit mit, von nun an ging es immer besser und der Kleine war für uns gerettet. Wir priesen die Vorsehung für die Rettung des Kindes und erholten uns zusehends für den ausgestandenen Schmerz. Ich möchte dennoch jedermann raten, nur keine neuen Häuser zu früh zu beziehen.

Wie schon bemerkt, hatten wir durch die Genesung unseres Viktor große Freuden, welche sich aber recht bald in Leiden verwandelten. Der Kleine ratschte als dreijähriger Knabe vom Tisch auf die Erde, machte einen furchtbaren Lärm, schlief hernach ein und bei dem Erwachen zeigte sich nicht das Geringste von dem Unfall. Durch diesen glücklichen Ausgang wurden wir beruhigt und wir dachten über diesen Gegenstand nicht weiter mehr nach. Jedoch nach zwei Jahren klagte der Kleine über einen Schmerz im Fuße. Das Bein zeigte eine Abmagerung und Verkürzung und endlich zeigte sich eine kleine Verkrümmung im Rückgrat. Er wurde von Dr. Dietl untersucht, welcher nichts Besonderes finden wollte. Da aber das Übel größer wurde, consultierten wir den Dr. Weil; und da alle Mieder und Bandagen nichts nützten, den Bauernarzt Pich, unter dem Namen Pechacuk in Horzitzka, in Böhmen. Diesem sei es zu verdanken, daß das Übel nicht ärger geworden ist. Wir hatten mit diesem aufgeregten Knaben bis in sein 14tes Jahr viel Kummer und Sorgen. Täglich wurden Brust, Rückgrat und das linke Bein dreimal mit der Pich'schen Salbe geschmiert und er mußte täglich mehrere Stunden auf einem Brette am Rücken liegen. Welche Mühe und Sorge in der traurigen Zeit, da er auch lernen und Klavier spielen mußte!

Gott sei es gedankt, unsere Mühe war doch nicht umsonst. Sein Zustand hielt an, er konnte sein Studium vollenden und wir freuten uns mit ihm über den guten Erfolg.

Nachdem meine früher begonnenen Bauten im Jahre 1859/1860 vollendet wurden und der Baron für weitere keine Lust zeigte, so konnte ich meine Gesundheit schonen, mich an meinen Angehörigen und an meiner hübschen Wohnung erfreuen und meine übrige Zeit zur Ausbildung meiner Kinder verwenden. Wo ich sie mit meinem Wissen unterstützen konnte, da tat ich es gutwillig; wo dies nicht der Fall war, da besorgte ich Lehrer für sie. Für die deutsche Sprache besorgte ich den Hauslehrer Schefbeck, welcher ihnen auch die Anfangsgründe am Klavier beibrachte. In der französischen Sprache hielt ich ihnen mehrere Meister, wo sie aber von dem Fräulein Eugenie de Miere, eine geborene Schweizerin, sehr viel profitierten. Da meine ältere Tochter Fanny nicht nur Talent hatte, sondern auch viel Fleiß zeigte, so hielt ich ihr für das Italienische ein Fräulein Viola und für das Klavier den bekannten Klavierlehrer Böcklet, bei welchem sie große Fortschritte machte. Wie groß dieselben waren, zeigte das letzte Concert, welches Böcklet im alten Musikvereinssaal gab. Sie spielte eine Piece mit Präcision und Kraft, erhielt Applaus und Beifall vom Publicum und die Journalistik prophezeihte ihr eine gute Zukunft. Infolgedessen hielt ich ihr die Violinlehrer Doppler und Helmesberger, um sie beim Klavierspiel zu begleiten und sie in ihrer Laufbahn zu unterstützen. Da sie auch Stimme hatte, so besuchte sie anfangs das Conservatorium und später die Lehrstunden bei Falcony, wo sie besondere Fortschritte machte. Dieses ganze Projekt, sie als Künstlerin heranzubilden, kostete viel Geld und machte viel Sorgen, da ich wußte, wieviele suchten auf diesem Weg ihr Glück und wie wenige haben dasselbe gefunden. Zum Glück hatten sich später ihre Gesinnungen geändert. Sie hatte die professionelle Kunst verlassen und ist später eine tüchtige Hausmutter geworden, auf welchen Gegenstand ich noch einmal zurückkommen werde.

Ein neues Metier: Erfindungen verschiedenster Art

Im Jahre 1861 überfiel mich eine Krankheit, wo ich durch mehrere Wochen das Bett hüten mußte. Bei dieser Gelegenheit bemerkte ich in meiner Wohnung einen Übelstand, über welchen sich meine Frau schon längst beklagte. Nächst meiner Wohnung befand sich ein Lichthof, in welchen mein Kabinetfenster einmündete. Da in dessen Hofpflaster eine Kanalöffnung war, so gingen die Miasmen in den Hof, von da in die Wohnung und verbreiteten in derselben einen sehr unangenehmen Geruch. Bei meinen damaligen müßigen Stunden dachte ich öfter nach, ob denn diesem Übelstand nicht abgeholfen sei. Nach einer Zeit erfand ich einen hydraulisch-hermetisch schließenden Apparat, welcher das Ausströmen der Gase aus den Kanalöffnungen verhindert und die sämtlichen Niederschlagswässer den Kanälen zuführt. Diesen ersten Apparat construirte ich anfangs aus Zinkblech, ließ ihn durch den Spengler Puntschert ausführen, setzte ihn in die Kanalöffnung ein, füllte ihn mit Wasser und das Ei des Columbus war da. Der Lichthof und meine Wohnung wurden von dem Gestank befreit, die Sorgen meiner Frau waren weg und ich dachte über diesen Gegenstand nicht mehr nach.

Eines Tages besuchte mich Dr. med. k. k. Hofrath Ritter von Günthner in meiner Kanzlei und sah zufällig die Zeichnung dieses Apparates. Als er dieselbe besichtigte und die Nützlichkeit des Letzteren erkannte, sagte er nach einer Weile: „Sie, das ist ein ausgezeichneter Gedanke für unsere stinkenden Höfe und Strassen, haben Sie ein Privilegium genommen?" Ich sagte „Nein." – „Nun, dann wird's Ihnen jemand nachmachen, wird um ein Privilegium einkommen und Sie können mit der langen Nase nachsehen." Durch diese Worte aufmerksam gemacht, machte ich Zeichnung und Beschreibung und kam bei der k. k. Stadthalterei ein. Es währte nicht lange und das von Hofrath Günther Vorausgesagte traf ein. Der Civil-Ingenieur Poggè erfuhr mein Vorhaben, erfuhr auch wahrscheinlich von einem Arbeiter des Puntschert die Art der Ausführung und suchte auch um ein ähnliches Privilegium an. Ich klagte den Nachahmer, der Prozeß wurde zu meinen Gunsten entschieden, und Poggè wurde zur Vernichtung seines Privilegiums und zu einer Geldstrafe verurteilt. Hier sei bemerkt, daß ich zwei Modelle, eines mit einer unbeweglichen und ein zweites mit einer beweglichen Schale construierte und auf dieses das Privilegium nahm. Poggè ahmte das Erste nach, da er das Zweite, das Zweckmäßige, nicht kannte. Diese Nachahmung erfuhr ich von dem Schlossermeister Soviscka, von einem tüchtigen, ehrlichen Geschäftsmann.

Auf Grundlage des obigen Principes für hydraulische Canalverschlüsse, construierte ich auch hydraulische Wasser-Closets, nahm auf dieselben auch ein Privilegium und benützte beide bis zum Ausgang derselben.

Dieser damalige Gedanke während meiner Krankheit, zu welchem auch meine Frau beitrug, war nicht nur zum allgemeinen Besten, sondern er brachte meinem Geldsäckel ein bares Einkommen von Fl. 18.238,- ein, welches mein Einschreibbuch ziffernmäßig nachweist. Diese Apparate wurden nicht nur in den Städten, sondern auch am flachen Lande in Anwendung gebracht. Besonders die Canalverschließe waren sehr beliebt. Die meisten wurden in Wien und in Karlsbad angemeldet. Letzte Stadt wurde mit denselben vollkommen für ihre Kanalöffnungen abgeschlossen. Nach Ausgang der Privilegien machte ich wenig Geschäfte, da dieselben vor Nachahmung keinen Schutz hatten.

Wie wichtig der Commune Wien meine Apparate erschienen, zeigte deren Anwendung. Trotz der Offertausschreibung für ähnliche Apparate, welche die Gemeinde Wien gemacht hatte, wonach neun Stück aus verschiedenen Ländern einlangten, erhielt meines den Vorzug, da deren Einfachheit und praktischer Nutzen alle übrigen übertraf. Und so hatte diese Erfindung, wie ich schon bemerkte, mein Einkommen bedeutend befördert, meinen Grundstock der früheren Ersparnisse bedeutend erweitert und mir die Mitteln geschaffen, daß ich meine häuslichen Bedürfnisse mit Ruhe ertragen konnte. Es wäre nur zu wünschen, daß unsere heutige Generation ebenfalls Sinn zur Sparsamkeit hätte, es würden sodann manche Greuelthaten und Unglücksfälle vermieden werden.

Nachdem mein Geist von jäher Beschäftigung brauchte, so mußte ich auch immer um selbe für ihn sorgen. Eine weitere Erfindung war mein patentierter Sicherheitskorb zum Fensterputzen. Denselben erfand ich auch zur Zeit der Noth. In Wien geschahen von jeher bei dieser Arbeit viele Unglücksfälle, weil die Arbeiter zu leichtsinnig und die Polizeiorgane zu nachsichtig sind. Im Sina'schen Hause Hoher Markt Nr. 511 stürzte ein Mädchen bei dieser Arbeit vom ersten Stock auf das Trottoir und war, trotz ärztlicher Hilfe, sehr bald eine Leiche. Dieser bedauerliche Unfall erregte in mir den Gedanken, einen Apparat zu erfinden, welcher in Zukunft ähnliche Fälle verhindert. Ich machte die Zeichnung und gab ihr den Namen: „Sicherheitskorb zum Fensterputzen." Er wurde nach dem Prinzip construiert, von der Behörde geprüft und patentiert und dem Publikum zur Benützung gegeben. Man erkannte recht bald die Nützlichkeit dieser Erfindung. Sogar im Wiener Gemeinderath erhoben sich Stimmen für eine allgemeine Einführung; da aber derselbe aus Sicherheitsrücksichten schwer construiert wurde, die Arbeiter dessen Nützlichkeit nicht erkannten, so wurde er nur wenig verbreitet und ist nur in wenigen Herrschaftshäusern noch in Verwendung.

Eine weitere Erfindung waren meine Thürverschlüsse für Wohn- und Gewölbslocalitäten. Ich hatte schon als junger Mann erkannt, daß unsere hölzernen Eingangsthüren, besonders bei unseren Wohnungen, keine Sicherheit bieten. Mit einem großen Messer sind die hölzernen Türfüllungen auszuschneiden und das Schloß mit einem Sperrhaken aufzumachen. Ich construirte eine Vorrichtung nach dem Prinzipe der innwendigen Vorlegstangen und mein Plan und Problem waren gelöst. Ich nahm ein Patent, benützte es mehrere Jahre und da man zu derlei Geschäfte frei sein sollte, was ich bei meiner Stellung nicht war, so verkaufte ich es an A. Milde und war immer erfreut, wenn ich meine Erfindung in Anwendung fand. Die erste dieser Erfindung wurde in meiner Wohnung Landstrasse, Ungargasse Nr. 9, im 3. Stocke angewendet und leistet noch heute die größte Nützlichkeit. Ohne den dazugehörigen Schlüssel ist in die Wohnung nicht zu kommen, da ein Eindrücken, oder Einbrechen der Thür unmöglich ist.

Durch diese vier beschriebenen Erfindungen, welche in der A. Milde'schen Berechnungstabelle über die Tragfähigkeit der eisernen Traversen, zweite Auflage, von mir beschrieben und gezeichnet sind, wurde nicht nur mein Name bekannt, sondern mein Einkommen bedeutend vermehrt. Ich erwarb mir daher durch mein geistiges Eigentum, durch meinen schönen Gehalt, meine Neujahrshonorare, durch mein Legat und endlich durch meine und meiner braven Frau eingeführte Sparsamkeit ein kleines Vermögen, welches für meine alten Tage als Notpfennig aufbewahrt wurde.

Sommerwohnung in Pötzleinsdorf

Da ich für eine Sommerwohnung wegen meiner Gesundheit alljährlich sorgen mußte, so dachte ich schon damals an die Annähmlichkeit eines selbstständigen Besitzes. Als ich endlich nach einer Wanderung, Hietzing, Ober St. Veit und Gersthof, in dem grünen Pötzleinsdorf ankam und einen Punkt der Erde lieblich und angenehm fand, deren Scholle ich später mein Eigentum nennen konnte, so kaufte ich im Jahre 1861 ein Stück Ackerfeld pr. 800 Klafter um den Preis von Fl. 1600,- CM, auf welchem, außer einem alten Kirschbaum, kein Sträuchen von anderen Gewächsen zu sehen war. Die Frucht dieses Baumes war immer gut und Schön und lachte jedesmal beim Vorbeigehen meine Kinder an. Ich machte ihnen daher durch den Kauf dieses Grundes eine große Freude und mein schon längst gehabter Plan, einmal ein Häuschen als Eigentum zu besitzen, wurde hiedurch in die Nähe gerückt. Zuerst legte ich im Herbst desselben Jahres den Garten an, errichtete im kommenden Jahre einen Brunnen und entwarf einen Plan, wie mein künftiges Tusculanum aussehen werde. Die Bäume und Sträucher wuchsen zusehend heran, da ich so manche Tage früh morgens, um 7 Uhr, den Weg von der Landstrasse nach Pötzleinsdorf ging, um dieselben begießen und betreuen zu können. Nach zwei Jahren erbaute ich im hinteren Teile des Gartens ein Häuschen, welches den Namen Villa Fanny erhielt und nach sieben Jahren, mein mir lieb gewordenes Haus gegen die Hauptstrasse. Gott gab, daß ich dasselbe mit meinen Angehörigen recht lange genießen und in demselben mich meiner Gesundheit pflegen könne.

Änderungen in der Sina'schen Verwaltung

Im Jahre (?) ist der Baron mit seiner Familie, nach einer zweijährigen Abwesenheit von Paris zurückgekommen und hatte die Leitung seiner Güter und seines Bankhauses selbst übernommen, da er mit dem Resultat der beiden Verwaltungen unzufrieden war. Im Bankhause kamen mit dem Chef Metaxa und mit dem Cassier Lotz Reibungen vor, welche zur Pensionierung des letzteren führten. In der Güterdirektion wurde auch eine Änderung vorgenommen. Der damalige Güterdirektor Lits wurde als Oberdirektor nach Ungarn versetzt und der Jurist Preyss, ehemaliger Justizverwalter in Rappoltenkirchen, wurde Administrator der Cislat. Güter. Obwohl der Letztere niemals Öconom war, so wurde er doch aus besonderen Gründen unser Chef und erhielt ein besonders unumschränktes Pouvoir. Wenn man um die Verdienste dieses Mannes fragte, so konnte kein Mensch eine Antwort geben. Er war vom Jahr 1843 bis 1848 Justizverwalter in Rappoltenkirchen, wurde nach Auflösung der Patrinominal-Gerichte von dem alten Sina entlassen und nur durch die Protektion des jungen Herrn erhielt er eine k. k. Assesorstelle in Niederösterreich und später eine Notarstelle in Schwechat. Von hier kam er nach Wien und übernahm die Leitung der obigen Güter. Er wurde unser Vorgesetzter, und der Vertrauensmann des so vielfachen Millionärs. Daß diese Änderung für so viele Beamte, besonders für jene, welche früher seine Collegen waren, nicht angenehm war, versteht sich von selbst; daß aber dieser Mann, welchem Wissen und Herz für einen solchen Posten fehlten, so hoch steigen konnte, das war jedem, welche ihn früher kannten, ein Rätsel. Anfangs konnte ich mich sehr schön in die neue Lage fügen, da ich den Charakter dieses Mannes von früher kannte. Da er aber einmal der Chef war, so mußte ich mich ebenfalls dessen Anordnungen unterwerfen.

Geburt des Sohnes Oskar

Im Jahre 1862, am 4. August, früh 10 3/4 Uhr überbrachte mir meine Frau einen kräftigen Knaben, welcher bei der Taufe den Namen Oskar Karl Philipp erhielt. Als Taufpathe fungierte sein Onkel Dr. Anton Willner und wir waren erfreut, daß das zweite Paar voll war. Dieser Junge blieb gesund und ist heute ein kräftiger Bursche.

Von da bis zu dem Jahre 1866 kamen weder in meiner Familie, noch in meiner Kanzlei besondere Ereignisse vor. Ich widmete daher meine freien Stunden meiner Gesundheit und der Erziehung meiner Kinder. Zur Kräftigung meiner Gesundheit ging ich im Jahre 1864 und 1865 nach Karlsbad, da ich dies mir und meiner Familie schuldig war. Den Rest des Sommers verbrachten wir in Pötzleinsdorf, da dieser Ort der bequemste und näheste war. Im Herbst gingen wir wieder nach Wien und verbrachten den Winter sehr angenehm.

Für die Erziehung meiner Kinder, welche in erster Linie meiner Lotte oblag, sorgte ich auf jede Art und da meine Tochter Fanny bedeutendes Talent für Musik und Gesang hatte, so scheute ich keine Kosten für ihre weitere Ausbildung. Wir waren daher in der Lage, kleine musikalische Unterhaltungen zu arrangieren, bei welchen auch junge Gesellschaften anwesend waren. Später besuchten wir Vereinsabende, bei welchen wir uns gut unterhielten und die kleine Fanny selten einen Tanz versäumte.

Als sie das sechzehnte Jahr überschritt, wurde ich Mitglied des Nasswalder-Vereins, welcher damals seine Unterhaltungen bei dem großen Zeissig abhielt. Hier lernten wir mehrere junge Männer kennen, von welchen einer das Herz meiner Tochter eroberte. Er hieß Friedrich Beck, Sohn des zu früh verstorbenen Universitäts-Buchhändlers Beck, welcher bereits eine Verlagsbuchhandlung hatte. Da sie sich früher wegen ihrer musikalischen Talente der Kunst widmen wollte, so verließ sie jetzt dieser Gedanke und dachte auf einen häuslichen Herd. Jede Vorstellung, welche man ihr wegen ihrer Jugend und einer sicheren Existenz machte, blieben fruchtlos und so kam es, daß kein menschliches Wesen im Stande war, die geistige Seelenverbindung beider zu lösen.

Meine Lotte, mit ihren hellsehenden Augen war gleich für das Liebesverhältnis gewonnen. Nicht so leicht ging dies bei mir. Nicht etwa, weil mir der junge Mann nicht gefiel! Nein, sondern ich dachte an ihre Zukunft und auf ihre materiellen Bedürfnisse. Ich fragte: „Was soll aus dem jungen Wesen, welches bis heute ohne häuslichen Sorgen lebte, welches durch ihre äußere Erscheinung und ihr bedeutendes Talent von jedermann gern gesehen wurde; was sagte ich, soll aus ihr werden, wenn ihre Hoffnungen bei dem besten Willen ihres Mannes nicht realisiert werden könnten?" Zugleich sah ich durch diese Bekanntschaft meine früher gehegten Wünsche, nur einen Architekten oder Ingenieur als Schwiegersohn zu bekommen, unerfüllt, daher kein Wunder, wenn ich zu derselben nicht gleich meine Zustimmung gab. Jedoch, dieselbe kam. Am 16. Mai 1868 wurden beide verlobt, am 13. August desselben Jahres wurden sie in der Pötzleinsdorfer Pfarrkirche getraut und heute stehen sie, mit zwei kräftigen Knaben von der Vorsehung beschert, auf der Höhe ihres Glücks. Der Wunsch meiner Tochter wurde erfüllt und meine gehabten Sorgen für ihre Zukunft wichen allmählich und so gebe Gott, daß er sie auf ihre weiteren Pfade begleite und ihre und unsere Sorgen für immer abwendet.

Im Juni 1878. Ich setze nach einer zweijährigen Pause meine Aufzeichnungen fort; wie lange, das weiß die göttliche Vorsehung.

Defraudationen

In meiner früheren Erzählung machte ich die Bemerkung: „Welchen Wert die Anstellung Jellineks zum Domänen Buchhalter hatte, zeigte die Defraudation des Direktions-Kanzlisten Göschl am besten"; und siehe da, ich hatte nicht unrecht. Ich will mich daher mit diesen beiden Sina'schen Centralbeamten etwas mehr beschäftigen und ihre Vor- und Nachteile beleuchten.

Göschl war der Sohn des früheren domänen Buchhalters, ein aufgeklärter, gescheiter Kopf, aber ein leichtsinniges, liederliches Tuch. Er gab uns Collegen bei müßigen Stunden immer lustige Tagesbegebheiten zum besten. Besonders machte er sich über seinen früheren Chef Preyss, welcher Verwalter in Rappoltenkirchen war, öfters sehr lustig. Göschl war bei ihm Kanzlist und erzählte nicht selten, daß Preyss nach seiner Ansicht das Pulver nicht erfunden hatte. Nach Auflösung der Patr.-Gerichte hatte der alte Baron den Verwalter entlassen und den Kanzlisten nach Wien versetzt. Dieser wurde dem damaligen Kanzleidirektor Jellinek – bis zu dem Tode des alten Barons ward Jellinek Kanzleidirektor – und später dem neu ernannten Direktor Lits zugeteilt. Da dieser, als Ungar, der deutschen Sprache nicht ganz gewachsen war, so wurde Göschl seine rechte Hand. Zufolgedessen concipirte er alle Resolutionen an die Verwalter der Güter, wonach Lits nichts anderes zu tun hatte, als dieselben durchzulesen und seine Unterschrift beizusetzen. Dieses große Vertrauen und die außerordentliche Protection war der Ruin des Göschl.

Der Kanzlist Göschl war ein sehr geselliger Mann, ein großer Liebhaber von Hunden und Tauben und besonders auch von hübschen Frauen. Seine Gemahlin, als ehemalige Theaterice, hatte auch verschiedene Passionen, daher kein Wunder, wenn das Einkommen nicht immer auslangte. Er griff daher zu den unlautersten Mitteln, wozu ihm damals seine Stellung die Handhabe gab.

Seine erste Spekulation, durch welche er sich Geld verschaffte, war die Besorgung der Maschinen und Ackergeräte für die ungarischen Güter. Er machte mit einem Maschinisten Hubazy, welcher nichts Besseres als ein Schlossergeselle war, Bekanntschaft und verschaffte demselben die sämtlichen Lieferungen der obigen Gegenstände. Da Göschl von der Mechanik keinen Dunst hatte, so wollte er mich mit Hubazy bekannt machen und mich in ihr Consortium hinein ziehen. Ich schlug dieses Anerbieten dankend aus, da mir das Unternehmen nicht reell schien und mich deren Freundschaft mißtrauisch machte. Sie machten somit die Geschäfte ohne mich, ohne einen wirklichen Techniker.

Zu Beginn der Bestellungen arbeiteten sie ganz ruhig; später wurden die Güter mit Maschinen überschwemmt und das Geschäft ging flott von statten. Das dauerte aber nur eine Zeit. Als sich die Klagen über die unsoliden Maschinen häuften, so gingen dem Göschl'schen Protektor Lits die Augen auf und er schickte mich auf die Güter, zur Untersuchung derselben. Da diese Klagen auch bis nach Vevey, wo sich der Baron aufhielt, drangen, so mußte Lits destomehr eine Untersuchung durch mich veranlassen, weil der Baron einen schriftlichen Befund erwartete. Ich reiste auf die Güter, untersuchte die Maschinen, besprach mit den Beamten und legte nach meiner Rückkunft dem Lits meinen schriftlichen Befund vor. Als er ihn las, rümpfte er die Nase, zeigte sich anfangs sehr mürrisch, gab mir aber dann den Auftrag, meinen Bericht dem Baron zu übersenden. Die Folge war die Sistierung der sämtlichen Lieferungen durch Hubazy und die Versickerung der sämtlichen Göschl'schen Einnahmsquellen.

Da durch dieses Geschäft nichts mehr zu erreichen war, so mußte Göschl auf ein anderes sinnen, um seine außerordentlichen Bedürfnisse decken zu können. Frühere Zeit kauften die ungarischen Beamten für ihre Güter das notwendige Eisen und Steinsalz in der nächsten Umgebung, welche Manipulation Göschl nicht gut fand. Er machte den Vorschlag, diese Materialien in Wien zu besorgen und sie nach Ungarn zu schicken, auf welchen Vorschlag der kurzsichtige Lits einging. Das war jetzt wie Wasser auf die Göschl'sche Mühle, welches ihn aber für immer von der Erde wegschwemmte. Es fragt sich aber, auf welche Weise er sich bei dem einfachen Geschäfte Geld machen konnte? Dies wird nachfolgend erklärbar.

Göschl kaufte z.B. 20 Ztr. Steinsalz, schrieb eine Anweisung und ließ sich dieselbe von Lits, welcher die Signatur hatte, unterfertigen. Da Göschl die Anweisung selbst schrieb und sowohl das Gewicht des Salzes, sowie dessen Geldbetrag nur mit Ziffern bezeichnete, so konnte er eine Fälschung leicht vornehmen und bei der Hauptkasse viel größere Beträge erheben, als sonst dies bei correcten Fällen möglich gewesen wäre.

Auf ähnliche Weise fälschte er auch alle Geldempfänge, welche an ihn, als Direktionssecretär, von den Gütern einlangten, sowie auch alle Geldanweisungen für die sämtlichen Güter, welche er an sie hinausschickte. Der Fehler war, daß Lits die Anweisungen nicht selbst schrieb und daß er nicht sorgte, daß die Summen nicht auch mit Buchstaben, sondern nur mit Ziffern ersichtlich waren.

Als Lits von Wien nach Ungarn übersetzt und Preyss sein Nachfolger wurde, so manipulierte der Secretär Göschl auf dieselbe Art, ohne daß Lits noch Preyss, noch weniger der Buchhalter Jellinek, eine Ahnung von diesen großartigen Betrügereien hatten. Wie jede unlautere Unternehmung ein Ende findet, so war dies auch hier der Fall.

Göschl und Hubazy waren durch mehrere Jahre intime Freunde, weil sie bei Sina viel Geld zu verdienen wußten. Später, als die Geschäfte ins Stocken kamen und der Letztere Schuldner des Ersteren wurde, so traten unter beiden Reibungen ein, welche zur Uneinigkeit führten. Göschl verlangte von Hubazy sein Geld, Letzterer verweigerte die Zahlung und hierauf drohte Ersterer mit der Klage. Zu Folge dessen machte Hubazy den Judas, entdeckte dem Grafen Wimpffen, dem Schwiegersohn Sinas, die vieljährigen Betrügereien und die Unglücksstunde des Göschl hatte geschlagen. Der Schwiegersohn machte seinem Schwiegervater hievon die Anzeige, tadelte die versumpfte Buchhaltung und stimmte zu einer allgemeinen Untersuchung dieser schmutzigen Wäsche.

Obwohl diese Defraudationen unter Preyss, so gut wie unter Lits stattfanden, so wurde doch der Erstere, als Leiter der Untersuchung vom Baron bestimmt, und der Auftrag erteilt, daß keiner der Schuldigen geschont werde. Preyss, welcher in jedem Beamten, der nicht zu seinen Creaturen gehörte, einen Betrüger erkannte, und welcher den Splitter seines Auges viel später als jenen seines Nebenmenschen sah, setzte jetzt Himmel und Erde in Bewegung, um dem Wunsch des Barons zu entsprechen.

Zur Untersuchung dieser unangenehmen Affaire wurde nicht der Buchhalter Jellinek, sondern Kryspin bestimmt, ein Mann, welcher in seinem Inneren hart, nach seinem Äußeren abstoßend war und welcher für Niemanden einen Pardon kannte. Dieser Beamte erhielt auf Anordnung des Barons den Auftrag, die Steinsalzrechnungen und die Geldabfuhren genau zu untersuchen, die Hauptbücher des Comptoirs mit jenen der Güter zu prüfen und ihm Bericht darüber zu erstatten. Dem Kryspin war dieser Auftrag willkommen, weil hiedurch die Domänenbuchhaltung umgangen und der Buchhalter Jellinek mißcreditiert wurde. Auch seinem Charakter wurde hiedurch entsprochen; denn er war auch einer von jenen, welcher jeden Menschen als Betrüger ansah, wenn er nicht seiner Gesinnung war.

Kryspin ging rasch an die Arbeit. Anfangs wußten, außer dem Baron dem Preyss und Fleischhacker – als Procuraführer – niemand ein Wörtchen von dieser Affaire; erst der dritte Tag machte die Untersuchung ruchbar. Anfangs der Arbeit wurde keine Veruntreuung gefunden; erst die nächsten Tage zeigten, daß Göschl nicht nur den Lits und Preyss, sondern auch den Netozil und Huber, welche auch berechtigt waren, Geldanweisungen auszustellen, hinters Licht führte. Nach einer dreitägigen Untersuchung fand Kryspin eine Defraudation von Fl. 120.000,- wozu die Anweisungen von Lits auf Fl. 40.000,- von Preyss auf Fl. 60.000,- von Netozil auf Fl. 12.000,- und von Huber auf Fl. 8.000,- lauteten. Als der Baron diese heillose, leichtsinnige Wirtschaft seiner Oberbeamten erfuhr, war er über dieselben ganz empört und wollte die Polizei zur Hilfe nehmen. Göschl bekam hievon Wind. Es fiel ihm schon den ersten Tag auf, daß Kryspin nicht in seiner Kanzlei, sondern in dem Comptoir arbeitete, was ihn sehr unruhig machte. Er ging von einem Zimmer zum anderen, bis er am dritten Tage, am Vorabend seines Todes, zu mir kam und nach dem Revidenten Kryspin fragte. Als ich ihm keine befriedigende Auskunft geben konnte, ging er retour in sein Zimmer, eröffnete seine Schreiblad, steckte verschiedene Papiere und Gegenstände in seine Tasche und entfernte sich aus dem Amte. Von hier ging er in seine Villa nach Dornbach, trieb sich sonach in der Restauration auf der Hohen Warte sowie in jener des Drehers, in der Operngasse herum und schrieb in sein vorgefundenes Tagebuch eigenhändig: „Am 12. März 1866 befinde ich mich auf der Hohen Warte und will angesichts meines lieben Dornbach das Leben beschließen." Weiter schrieb er: „Nein, der Abend ist zu schön, ich will mir und den Spaziergängern durch einen solchen Act nicht den Naturgenuß rauben." Endlich kommen noch weitere Aufschreibungen vor: „Um 8 Uhr, ich befinde mich in Geyers Bierhalle, trinke wahrscheinlich mein letztes Krügel gutes Bier, dann will ich scheiden." Es dürfte ihm die Zeit zu seiner Tat noch zu früh gewesen sein, denn man fand noch folgende Notiz: „Um 9 Uhr. Zu Drehers Bierlocalitäten am Opernring. Nun habe ich das letzte Krügel getrunken! Noch ein paar gute Zigarren angekauft, welche ich verdampfen will; morgen werde ich im Stadtpark, doch nein, im Kinderpark..." Und richtig wurde er am nächsten Morgen, mit einer Kugel im Kopfe, in dem oberen Kinderpark als Leiche gefunden. Außer diesen Notizen schrieb er einen Brief an den Baron, in welchem er die Unkenntnis und Unfähigkeit des Preyss darstellte, und einen an den Polizeidirektor. Und so endete ein Individuum, dessen Kopf wegen seiner Kenntnisse zu etwas Besseren berufen gewesen wäre und so hätte auch niemals die Defraudation stattfinden können, wenn der Buchhalter Jellinek sein Fach verstanden hätte und seinen Pflichten nachgekommen wäre.

Als dieses Ereignis bekannt wurde, so wollte es niemand glauben, da Göschl als wohlhabender Mann und als großer Gönner des Turnvereins ausgerufen war. Seine Leiche war imposant. Es folgten derselben nicht nur seine Freunde, sondern Mitglieder verschiedener Vereine und eine große Menge von neugierigem Volke.

Nach dessen Tod wurde sein Schreibtisch in seiner Kanzlei, in Gegenwart seiner Frau, des Preyss und des Kryspin eröffnet, in welchen man mehrere Briefe an seine Maitresse, bares Geld und von Lits unterschriebene Geldanweisungen, welche bei Geldmangel einzukassieren wären gewesen, fand. Obwohl Göschl zwei Villen in Dornbach hatte, so wurde doch auf Befehl des Barons sein Nachlaß seiner Frau belassen und die ganze Affaire mundtot geschlossen.

Nach Abschluß dieses Dramas kam die Tour an Preyss, welcher sich anfangs als ein unbarmherziger Richter, später als ein verführtes Lamm und zuletzt als ein armer Sünder benahm. Der gute Baron machte ihm die heftigsten Vorwürfe, wollte ihn seines Dienstes entlassen, da aber die edelmütige Baronin als Fürbitterin auftrat, so wurde er rehabilitiert und in seiner früheren Stellung belassen. Der Baron schenkte ihm wieder das ganze Vertrauen und hatte dies sogar in der Wienerzeitung veröffentlichen lassen. Wie gut haben es doch die Großen auf dieser Welt!

Anfangs hatte dieser Fall auf Preyss sehr niederschmetternd gewirkt. Er kam eines Tages so zahm, wie ein Lämmlein in die Kanzlei des Netozils, bedauerte in meiner Gegenwart, daß er trotz seiner Rehabilitierung nicht länger mehr in dem Hause Sinas verbleiben könne und daß er unverweilt bei dem Baron um seine Entlassung einschreiten werde; er tat dies aber nicht, hütete sich aber in Zukunft vor Geldanweisungen und benahm sich gegen seine Mitbeamten humaner als früher.

Auf diese Art hat das Drama Göschl-Preyss geendet. Göschl war tot, der Baron hatte sein Geld verloren und alle Mitschuldigen verblieben in ihrem Dienste. Nur der Buchhalter Jellinek wurde pensioniert und Kryspin kam an dessen Stelle.

So schließe ich diesen traurigen Gegenstand und gehe auf einen anderen über, welcher für die Deutschen und Österreicher keine blühenden Rosen brachte.

Deutscher Krieg 1866

Der im Jahre 1864 gemeinschaftliche Feldzug der österreichisch-preußischen Armee gegen das kleine Schleswig-Holstein war das Unglück der Deutsch-Österreicher und führte im Jahre 1866 bei Königgrätz zu der totalen Niederlage der österreichischen Armee. Einsichtsvolle Männer wie Dr. Berger[40], Dr. Kurander[41], Dr. Herbst[42] und Dr. Giskra[43] hatten im österreichischen Reichstage mit Seheraugen die nachteiligen Folgen vorausgesagt. Ich war gerade im Abgeordnetenhause, als dasselbe die Kosten zum Abmarsch bewilligen sollte. Trotz der heftigen Gegensprache dieser vier Abgeordneten, setzte es der damalige Ministerpräsident Mansdorf durch, daß die erforderlichen Auslagen bewilligt wurden und daß der tapfere General Gablenz unsere braven Soldaten den Preußen zuführen konnte. Was war das Ende dieses Liedes? Wir erwarben zwar Lorbeeren, aber die Preußen eine schöne Provinz. Das kleine Schleswig-Holstein unterlag, die preußischen Zündnadl-Gewehre hatten sich erprobt und den Österreichern blieben die Augen für diese furchtbare Waffe geschlossen.

Da das Verhältnis zwischen Österreich und Preußen von jeher ein gespanntes war und die letzteren schon lange in Deutschland dominieren wollen, so wurde zur Sprengung des deutschen Bundestages die Minen gelegt, wozu Kaiser Napoleon der III. das Pulver gab. Bismarck, als Gesandter bei Letzterem in Frankreich, schmiedete mit Napoleon und Viktor Emanuel, König von Italien, ein Complot, um Österreich aus Deutschland zu verdrängen und Preußen an dessen Stelle zu setzen. Es entstanden zwischen beiden Mächten diplomatische Unterhandlungen, welche aber zu keinem Resultate führten. Jede Macht, nach ihrer Ansicht unüberwindlich, wollte zu keinem Nachgeben schreiten und so kam die österreichische Kriegserklärung gegen Preußen und der 1866ger Krieg war zu unserem Nachteile da. Die österreichische Armee führte der General Benedek[44], die preußische der König selbst. Benedek war wohl ein bekannter Korpsführer, aber als Feldherr war er nirgends bekannt; da er aber Protege des Generals Grünne, Obersthofmeister Sr. Majestät des Kaisers Franz Josef, war, so mußte er die Stelle, wahrscheinlich gegen seinen Willen, annehmen. Daß er sehr ungern als Heerführer nach Böhmen abging, äußerte er nicht nur seiner nächsten Umgebung, sondern auch seinem Freunde und Schulcollegen Baron Sina. Als Benedek vor Abgang zur Armee bei dem Letzteren speiste, war ich zufällig im Vorzimmer des Sina'. Bei seinem Weggehen begleitete ihn Letzterer bis zur Stiege

---

[40] Johann Nepomuk Berger, Pseudonym Sternau (16.9.1816 Proßnitz/Mähren – 9.12.1870 Wien) war Politiker, Schriftsteller und Rechtsanwalt, 1848 Abgeordneter der demokratischen Linken in Frankfurt am Main und 1861 Minister ohne Portefeuille im „Bürgerministerium".
[41] eigentlich Ignaz Kuranda (1.5.1811 Prag – 3.4.1884 Wien) war Dramatiker, Erzähler und Politiker.
[42] Eduard Herbst (9.12.1820 Wien – 25.6.1892 Wien) war ab 1861 Reichsratsabgeordneter, Führer der Deutschliberalen und als Justizminister im „Bürgerministerium" (1868 bis 1870) federführend an den „Maigesetzen 1868" beteiligt.
[43] Karl Giskra (29.1.1820 Mährisch-Trübau – 1.6.1879 Baden/NÖ) war 1848/49 Mitglied der Frankfurter Nationalversammlung, ab 1861 Führer der Deutschliberalen im österreichischen Parlament, 1867 Präsident des Abgeordnetenhauses und 1867 bis 1870 Innenminister.
[44] Ludwig von Benedek (14.7.1804 Ödenburg – 27.4.1881 Graz)

und sagte in meiner Gegenwart: „Lieber Benedek, ich gratuliere nochmals zu Deinem Siegeskranz und zu einer glücklichen Rückkunft." Hierauf bemerkte er: „Lieber Baron, ich danke Dir nochmals, aber solche Kränze sind sehr schwer zu erreichen"; und nach einer Pause: „Ich gehe sehr ungern nach Böhmen." Hatte er sich zu diesem Posten wirklich zu schwach gefühlt, oder hatte er schon eine Ahnung gehabt von seinem schmählichen Ende!

Nach kurzer Zeit begann der Krieg auf zwei Seiten. Benedek ging gegen die Preußen, Erzherzog Albrecht und Tegetthoff gegen die Italiener. Unsere Armee unterlag nach sieben Tagen bei Königgrätz, und die italienische unter Albrecht bei Custozza und unter Tegetthoff bei Lissa. Albrecht wollte die zersprengte böhmische Armee mit der seinigen vereinigen und den Preußen entgegen ziehen. Letztere ließen ihm aber nicht die nötige Zeit, sondern zogen durchs Marchfeld, ohne Wien zu berühren, bis nach Blumenau, nächst Preßburg, zerstreuten auf ihrem Marsche alles, was ihnen entgegentrat und wollten von der rechten Seite der Donau die Wiener begrüßen. Zum Glück kam es nicht dazu. Wahrscheinlich durch Intervention des Napoleons wurde der Waffenstillstand geschlossen und nach einigen Tagen, im Schloße Nikolsburg in Mähren, wo der König von Preußen sein Hauptquartier hatte, der Friede unterzeichnet. Dieser war für Österreich sehr demütigend. Wir wurden aus Deutschland hinausgeworfen, mußten Italien, trotz unserer Siege, an Viktor Emanuel unentgeltlich abtreten und Fl 20.000.000 in Silber als Kriegsentschädigung den Preußen bezahlen. So ging die Prophezeihung der oben genannten vier Abgeordneten im Reichstag in Erfüllung, so rächte sich der Zug der Österreicher, unter ihrem tapferen Führer Gablenz, nach Schleswig-Holstein und so mußten wir die hundertjährige Führerschaft in Deutschland den Preußen überlassen.

Ganz Wien war nach Bekanntgabe dieser Niederlage in Trauer. Der Handel und die Gewerbe waren tot, der Andrang zu den Banken, um die Geldeinlagen zu erhalten, war außerordentlich und stürmisch und da man dieselben nicht erhielt, so war Jedermann für die Zukunft besorgt.

Nach dieser traurigen Katastrophe mußten die Reaktionäre und die Militärparthei, welche den Krieg herbeiführten, abtreten und ein Bürgerministerium unter Dr. Hasner[45], Dr. Berger, Dr. Prestl[46], Dr. Herbst und Dr. Giskra, übernahmen das Ruder des Staates. Für diese Männer war dieses Unternehmen keine kleine Aufgabe, da sie weder Geld, noch Credit, noch Militär hatten; nach nicht langer Zeit kehrte das Vertrauen zurück, der Handel und Verkehr wurden belebt

---

[45] Leopold Hasner von Artha (15.3.1818 Prag – 5.6.1891 Bad Ischl) war liberaler Politiker und Universitätsprofessor für Rechtsphilosophie und Nationalökonomie. Er stellte als Unterrichtsminister von 1867 bis 1870 entscheidende Weichen in der Bildungspolitik.

[46] eigentlich Rudolf Brestel (16.5.1816 Wien – 3.3.1881 Wien) war 1844 Universitätsprofessor für Mathematik und wurde 1848 liberaler Abgeordneter. Von 1868 bis 1870 war er Finanzminister und von 1869 bis 1881 Mitglied des Reichsrats.

und das so tief gesunkene Österreich erholte sich zusehends von seiner Niederlage.

Als Ministerpräsident fungierte damals der Baron Beust[47], der frühere Ministerpräsident von Sachsen, ein Landsmann des Bismarck und ein Todfeind der Preußen. Da er sah, daß die Ungarn, welche in diesem Kriege ein falsches Spiel trieben, über die Niederlage der Österreicher frohlockten, so gab er wahrscheinlich dem Kaiser Franz Josef den Rath, sich mit denselben zu versöhnen und Friede zu schließen. Nach großem Kampfe kam der 1867er Ausgleich, der sogenannte Dualismus und die Ungarn erhielten ihr eigenes Ministerium und ihre heißersehnte Honved-Armee. Sie übernahmen einen Teil der Österreichischen Staatsschuld und bezahlten ein Drittel zu den gemeinsamen Auslagen. Welche Folgen die Zerstückelung des österreichischen Einheitsstaates haben wird, wissen die Götter; ich als halber Pessimist erwarte nichts Gutes; vielleicht dürfte der Ausspruch des Bismarck: „Der Schwerpunkt der Österreicher liege in Ofen"[48], zur Wahrheit werden. Käme es einmal wirklich zu dieser Umwälzung der Staaten, so würden die Preußen die Deutsch-Österreicher annektieren, die Ungarn müßten sich den Balkanstaaten nähern, was zu einem Weltkrieg führen würde. Gebe Gott, daß meine Ansicht eine irrige sei und daß das österreichische Kaiserhaus ein Deutsches verbleibe.

Im Jahre 1867 besuchte ich mit meiner Frau und meiner Tochter Fanny den Badeort Karlsbad, welcher jedesmal wohltuend auf meine Gesundheit einwirkte. Da meine Tochter ziemlich musikalisch war, so machte sie uns öfter mit dem Gesänge, oder auf dem Klavier ein Vergnügen; es war daher eine schöne Gesellschaft in unserer Mitte.

Weitere Bautätigkeit

Nach meiner Rückkunft erwarteten mich große Baulichkeiten in Wien. Da die Glashäuser auf dem Gute Rappoltenkirchen verfault und baufällig waren, so erhielt ich den Auftrag, die Projekte zu verfassen und sie dem Baron zur Genehmigung vorzulegen. Das eine Projekt erhielt ein großes Treibhaus, das andere ein großes Kalthaus. Diese beiden Projekte erhielten die Genehmigung; und da zu deren Vollendung 2 Jahre notwendig waren, so reiste der Baron mit seiner Familie in die Schweiz und kam erst nach Vollendung der Bauten zurück. Diese zwei Bauten führte ich mit Mühe und Fleiß aus, weshalb sie von allen Seiten Anerkennung fanden. Als ich dem Baron die Anzeige machte, daß das Treib-

---

[47] Ferdinand Baron (ab 1868 Graf) Beust (1809 – 1886) war Außenminister und ab 1867 Ministerpräsident (ab 1868 mit dem Titel Reichskanzler). Er führte 1867 den Ausgleich mit Ungarn durch und leitete die konstitutionelle Verfassung ein. 1871 wurde er seines Amts enthoben.
[48] Gemeint ist Buda (deutsch Ofen) auf der westlichen Seite der Donau, das 1873 mit Pest zu Budapest vereinigt wurde.

haus vollendet sei, erhielt ich ein Schreiben aus Vevey (16.4.1869), in welchem eine Anweisung auf Fl. 500,- enthalten war. Ich dankte für das schöne Honorar und suchte auch den zweiten Bau ehestens zu vollenden. Dies geschah im Herbst 1871. Als der Baron mit seiner Familie zurückkehrte und Rappoltenkirchen besuchte, so fand er zu seiner Überraschung seine genehmigten Objekte zu seiner vollsten Zufriedenheit vollendet. Eines Tages, als der Baron in Wien beim Frühstück saß, standen der Forstdirektor Huber, der Secretär Soyer und ich um ihn herum, erzählten verschiedene Neuigkeiten, welche er immer gerne hörte. Nach einer Weile sagte er zu mir: „Sie, Stauffer, ich bin mit den zwei Glashäusern zufrieden." Ich dankte für das öffentliche Compliment und wollte weiter sprechen. Er fiel mir ins Wort und sagte: „Was für ein Honorar habe ich Ihnen für das Treibhaus gegeben?" „Gulden 600,- Excellenz", war meine Antwort. Nach kurzer Zeit sagte er wieder: „Sie Soyer, schreiben Sie eine Anweisung auf tausend Gulden. Sind Sie zufrieden, Stauffer?" Als ich hierauf meinen größten Dank ausdrückte, so machte er eine weitere, comische Bemerkung: „Nicht wahr! Das ist ein Pflaster auf deinen Bauch!" Solche Bemerkungen und Späße machte er immer, wenn er gut aufgelegt und dem er gutgesinnt war. Überhaupt war das Wohltun ihm angeboren und jemandem aus eigenem Antrieb ein Geschenk zu machen, war für ihn immer eine fröhliche Stunde. Diese, wie die nachfolgenden Jahre waren für mich sehr anstrengend, da noch mehrere Bauten zur Ausführung kamen; und doch erlaubte mir Sina, den Badeort Karlsbad zu besuchen, wo ich im Sommer 1878 meine Tochter Irene zum ersten Mal mitnahm. Wir benützten beide die göttlichen Quellen, welche ihre heilsamen Wirkungen taten. Auch hatten wir eine große Gesellschaft aus verschiedenen Nationen, welche zur Unterhaltung beitrug und um welche uns so manche Badegäste, besonders die Familie Baron Wächter, beneideten.

Als ich in mein Amt zurückkehrte, war die erste Arbeit die Adaptierung des Schlosses Rappoltenkirchen, da es für die Familie zu klein und für einen Sina zu primitiv war. Dieses Familienschloß liegt in Niederösterreich, zwei Stunden von Wien entfernt, eine halbe Stunde von Sighartskirchen, in der Umgebung von Wöldern und hatte einen wunderschönen Park. Die zweite Arbeit war die Adaptierung des Schlosses Jaidhof, nächst dem Marktflecken Gföhl in Niederösterreich; und die dritte die Adaptierung des Hauses in der Stadt, Annagasse Nr. 20, welches für die Sina'sche Tochter, Fürstin Ypsilanti bestimmt war.

Diese letzte Besitzung gehörte vor 50 Jahren dem Erzherzog Carl, Vater des Erzherzogs Albrecht und wurde in den Dreißigerjahren an den vorletzten Sina verkauft. In diesem Hause wurde Erzherzog Albrecht geboren. Als wir zur Adaptierung des Hauses schritten, besuchte Albrecht mit Sina, wo auch ich dabei war, dasjenige Eckzimmer des zweiten Stockes, in welchem er das Licht der Welt erblickt hatte. Mit Vergnügen erzählte er von seinen jungen Jahren und von den angenehmen Tagen, welche er hier mit seinen jüngeren Geschwistern erlebt hatte.

Anfangs erhielt ich den Auftrag, zu diesen Baulichkeiten die Pläne zu verfassen und sie dem Baron vorzulegen. Über das Schloß Rappoltenkirchen machte ich drei Projekte, von welchen sich in meiner Mappe noch Copien befinden dürften. Ebenso machte ich Pläne über die anderen Bauten. Da aber Hansen das Haus Sina öfter besuchte und ein Intimus des Barons war, so erhielten die seinen den Vorzug und ich mußte die meinen zurückziehen, trotz sie dem Schwiegersohn, dem Fürsten Maurocortato, unendlich gefallen hatten.

Hansen verstand es, seine Baupräliminare niedrig zu machen, um desto sicherer die Arbeiten zu erhalten. Hiedurch kam er gewöhnlich in die unangenehme Situation, daß dieselben nicht eingehalten und gewöhnlich doppelt und dreifach überschritten wurden. Dies war auch bei den Sina'schen Bauten der Fall. Die Arbeiten beim Schloße Rappoltenkirchen waren mit ca. Fl. 80.000,- präliminiert und hoch über Fl. 300.000,- kamen sie zu stehen. Als ich ihn auf solche Überschreitungen aufmerksam machte, so gab er lachend zur Antwort: „Wer von mir was haben will, muß bezahlen, wenn es nur gefällt." Da ich bei allen seinen Sina'schen Baulichkeiten die Controlle führen mußte, so waren solche Überschreitungen für mich immer peinlich; und trotz den vielen Verdrießlichkeiten, welche wir dem Baron gegenüber ausgesetzt waren, war er doch beim Letzteren gerne gesehen und war auch fortwährend der Hausfreund.

Als im Jahre 1874 die Bauten vollendet waren und ich die Schlußrechnungen legte, so zeigte der Baron doch seine volle Zufriedenheit und drückte mir sein größtes Vertrauen aus. Nach vorheriger Vereinbarung sollte Hansen für Rappoltenkirchen und für die Annagasse ein Honorar von Fl. 10.000,- erhalten. Bei Vollendung derselben übergab ihm der Baron Gulden 13.000,- und bezeigte ihm seine vollste Zufriedenheit. Hansen ist ein theurer Architekt, aber, wie ich ihn kennen lernte, ein guter Mann. Sein Charakter ist nach meinen Erfahrungen tadellos und sein Benehmen und seine Güte lobenswert.

Obwohl ich als Baron Sina'scher Bauinspektor bei allen Bauten, welche ich mit Hansen durchführte, selbstständig war, so mußte ich mich doch in den architektonischen Arbeiten ihm unterordnen; und trotzdem behandelte er mich immer als Freund und College und zeigte seine Güte auch an meiner Person. Als er das letzte Honorar per Fl. 5.000,- von dem Baron erhielt, schickte er mir ein freundschaftliches Schreiben mit Fl. 1.000,-, ich möge mich seiner erinnern und die Unannehmlichkeiten, welche wir während des Baues zu ertragen hatten, für immer verschmerzen. Für mich war dieser Vorgang überraschend, weshalb ich ihn in seiner Wohnung aufsuchte und ihm das Geld zurückgeben wollte. Er schaute mich eine Zeit an und sagte nach seiner lustigen Manier: „Seien Sie kein Hasenfuß, behalten Sie das Geld, Sie haben Frau und Kinder, was bei mir nicht der

Fall ist." Ich steckte nach diesem collegalen Benehmen das Geld ein, dankte für seinen Großmuth und empfahl mich mit dem Bemerken, Er wolle mich als College in seinem Andenken erhalten.

Entstehung der Ringstraße

Während dieser mehrjährigen Bauperiode beim Sina hatte sich auch die Baulust und der Aufschwung der Geschäfte in Österreich bedeutend gehoben. Das heutige Wien hätte nie die Größe und Pracht erreicht, wenn nicht durch den Willen des Kaisers Franz Josef im Jahre 1858 die Stadterweiterung gekommen wäre. Kaum war das Gesetz beschlossen, so tauchten schon an allen Ecken und Enden Vereine auf, welche Baubanken gründeten und den größten Impuls zur heutigen Stadt gaben. Freilich taten sie dies nicht aus Vergnügen, sondern zur Füllung ihrer Cassen und Füllung der Säckel der Verwaltungsräthe. Anderseits muß man wieder sagen, daß ohne diese Speculanten die Stadt Wien das jetzige Aussehen nicht erreicht hätte; also sind diese Speculanten nicht ganz unnütz gewesen. Zu diesen Vereinen drängten sich Christen und Juden, da man zu der Zeit den Antisemitismus nicht kannte. Selbst der niedere und hohe Adel verschmähte es nicht, unter den Juden und Plebejern zu sitzen, um ihre Stimme, weniger im Interesse der Actionäre, als ihrer eigenen Selbstinteressen abgeben zu können. Und so wurden viele und unreelle Geschäfte gemacht, hiebei viel Geld gewonnen, aber auch noch mehr verloren, bis endlich das Vertrauen schwand, die Börse schwankend und alle Papiere ins Mitleid gezogen wurden. Man stutzte eine Zeit lang über das Stagnieren derselben, hatte aber Hoffnung auf bessere Zeiten, welche durch alle möglichen Einwirkungen wieder heran kamen. Es drängte sich daher alles zur Börse, jeder wollte Millionär werden und so kamen Juden und Christen nach Wien, um an diesem Elisium ihre Träume realisiert zu sehen. Leider wurden sehr viele von ihnen getäuscht, denn das irdische Glück währte nicht lange. Im Westen stiegen im Jahre 1870 Wolken auf, welche sich bald entluden und in allen Wertpapieren große Verheerungen anrichteten.

Deutsch-französischer Krieg 1870/71

Napoleon der III, welcher schon lange auf die Rheinprovinzen speculierte und welchem die Vergrößerung Preußens ein Dorn im Auge war, wollte seine wohl geschmiedeten Pläne zur Ausführung bringen. Er buhlte um die Freundschaft der Italiener und schmeichelte eine Zeitlang den Österreichern. Ob dies auch wirklich der Fall war, dürfte nur der große P. Rieger, welcher Napoleon den Weg nach Wien zeigte, am besten gewußt haben. Wir Unwissenden wußten nur, daß der französische Gesandte Benedette, am 4. Mai 1870 in Ems, bei Gelegenheit einer Promenade, den preußischen König insultierte und daß hierauf vom letzten die Kriegserklärung folgte.

Der Ausgang dieses Krieges war anfangs schwer zu bestimmen. Napoleon der III. griff am Geburtstage seines Sohnes die Preußen bei Spichern an, schlug dieselben zurück und gab ihnen eine tüchtige Lection. Hierauf entstand unter den Feinden der Preußen ein Jubel, welcher auch unter manchen der österreichischen Volksstämme bemerkbar wurde. Derselbe währte aber nicht lange. Der 70jährige König von Preußen übernahm jetzt das Kommando, bestimmte den Strategen Moltke als seinen Generalstäbler und ging mit demselben zu seiner Armee. Bismarck ging mit als Volontär und ebenso der alte Haudegen Wrangel. Napoleon übergab das Kommando dem General Mac Mahon und begleitete mit seinem Sohn die französische Armee. Als beide Gegner hinreichend gerüstet waren, ging das Schlagen los. Anfangs zeigte der Kriegsgott den Franzosen sein Antlitz, später wurde er ihnen untreu und machte Freundschaft mit den Preußen. Von nunan kamen die Letzteren in Vortheil. Schlag auf Schlag trieben sie die Franzosen aus allen Positionen, gewannen eine Schlacht um die andere, bis sie im Juni 1870 bei Sedan die letzte schlugen und Napoleon mit seiner ganzen Armee gefangen nahmen. Der große Herrscher von Frankreich streckte die Waffen, übergab seinen Säbel dem König von Preußen und wurde sodann als Gefangener auf die Burg Wilhelmshöhe geführt. So endete der Übermut eines Parvenü, welcher zu dem Unglück der Österreicher, sowohl im Jahre 1859, als auch im Jahre 1866 viel beigetragen hatte.

Die Schlacht bei Sedan hatte in der ganzen Welt Erstaunen hervorgerufen. Die Feinde der Deutschen konnten kaum glauben, daß ein Napoleon welcher viele Jahre die Welt regierte, ein so schmähliches Ende nehmen werde. Welcher Jubel hierauf im deutschen Heere entstand, bewies die augenblickliche Proclamierung des alten Wilhelm zum deutschen Kaiser. Das deutsche Volk machte auch diesen Jubel zu dem seinigen, mußte aber so manchen Tapferen für immer vermissen und betrauern.

Durch diese Niederlage wurde Napoleon von seinem Volk entthront, seine Gemahlin samt Sohn mit ihm verbannt und die rote Republik proclamiert. Frau und Sohn flohen nach England, wo sie gute Aufnahme fanden. In Paris etablierte sich ein Volkstribunal, welches die Civil- und Militärgewalt an sich riß. Welche Elemente diese Gesellschaft enthielt, bewiesen die nachherigen Folgen. Stadtteile wurden durch Feuer und Petroleum zerstört, die schönsten Monumentalwerke vandalistisch verwüstet und nichts wurde verschont, was nicht in den Rachen dieser Banden gehörte

Diese Schreckenstage steigerten sich aber immer mehr, je näher die Preußen gegen Paris kamen und je mehr die Zufahrten von Lebensmitteln abgeschnitten wurden. Das Volk sollte nicht nur das Pferdefleisch gegessen haben, sondern auch jenes der Ratten nicht geschont haben! Zu dieser kritischen Zeit wurde auch die Wissenschaft zur Hilfe genommen. Gambetta, ein französischer Advokat und Dictator von Paris, benützte zur Dahinfahrt in die südlichen Gegenden einen Luftballon, um den Stand des dortigen Militärs und der wehrfähigen Bevölkerung festzustellen.

Auch Brieftauben wurden zur Beförderung von Nachrichten nach allen Gegenden benützt, aber alle diese Mitteln nützten zu nichts. Das Genie der Deutschen siegte über die Franzosen, trotz ihrer Bastionen und errichteten Nationalgarden. Sie mußten zusehen, wie die deutsche Armee, an der Spitze ihr Kaiser, im stolzen Schritte Paris durchzogen, und im Bewußtsein von Genugtuung die Stadt wieder aus Großmuth verließen.

Als dieses Schauspiel, welches die Franzosen am meisten schmerzte, vorbei war, wurden von beiden Nationen durch Bismarck und Tier, Frieden geschlossen. Die Franzosen bezahlten an die Deutschen eine Kriegsentschädigung von fünf Milliarden Franc, mußten zwei Provinzen, Elsaß und Lothringen mit zwei Festungen, Metz und Straßburg, abtreten und den Traum, der Rhein muß zwischen Deutschland und Frankreich die Grenze sein, aufgeben. Und so endete der Traum der Napoleoniden, sowie jener der Franzosen; und so endete auch der Traum so mancher Nationalitäten in Österreich, welche von Napoleon den III. ihr Glück erwarteten.

1873 Weltausstellung in Wien

Nachdem der unglückliche Krieg für die Franzosen vorüber war, so wurde der Handel belebt und das Vertrauen kehrte auch in Österreich zurück. Zufolgedessen fanden sich Männer, welche für das Jahr 1873 eine Weltausstellung proponierten und welche von der Regierung auch anerkannt wurde. Ein Comité aus wissenschaftlichen und industriellen Männern wurde zusammengesetzt, welches den Schwarz-Seeborn als Präsidenten an ihre Spitze stellte. Es wurden die Statuten entworfen, Geldsammlungen gemacht und für die Baulichkeiten der Architekt Hasenauer herangezogen. Die Gebäude wurden im italienischen Renaissance-Stil ausgeführt und mit großen Parkanlagen umgeben. Als Merkmal dieser Bauten war die große Rotunde, mit ihren äußeren Galerien, von wo aus man Stadt und Umgebung übersah. Außer diesen wurden viele Privatbauten errichtet, von welchen jene von fremden Staaten den Stempel und Stil ihrer Nationalität trugen. So konnte man den deutschen, den italienischen und französischen Renaissance-Stil, sowie jenen der Schweden, Russen, Türken etc. studieren und deren Bauten in Natura besichtigen.

Hatten schon die Erbauer dieser Objecte etwas Großartiges geschaffen, so konnte man dies von den Ausstellern in einem noch größeren Maßstabe sagen. Alle Kunst- und Rohproducte der civilisierten Völker, sowie alle wissenschaftlichen und gewerblichen Arbeiten wurden herbeigeschafft und die Besucher der Ausstellung staunten über die Schönheit und Großartigkeit derselben.

Am 1. Mai 1873 wurde die Ausstellung in Gegenwart Sr. Majestät des Kaisers, der Erzherzoge, fremder Prinzen und Vertreter der fremden Staaten, eröffnet. Wetter war naß und kalt und viele Ausstellungsobjecte harrten noch ihrer Vollendung. Dies war die Ursache, warum die Ausstellung nicht unter demjenigen Jubel eröffnet wurde, den man sonst von den lebensfrohen Wienern gehofft hätte. Zu dem schlechten Wetter gesellte sich die Furcht vor der Cholera, welche in dem Hotel zur „Donau", in der Leopoldstadt zum Vorschein kam. Die Angst vor dem bösen Gaste, sowie das kalte und nasse Wetter wirkten anfangs sehr nachteilig, da auch noch dazu auswärtige falsche Nachrichten zum spärlichen Besuch beitrugen. Nachdem aber die Cholera verschwand und das schöne Wetter eintrat, so kam der Zuzug der Fremden aus allen Staaten und man hörte nur Schönes und Gutes über die Weltausstellung und über das schöne Wien.

1873 Börsenkrach

Leider dauerte diese Freude nicht lange. Durch die Zahlungseinstellung der Wechslerbank, bei welcher auch ich gewann und verlor, und vor welcher Börsenspekulation ich jedermann, besonders aber meine Kinder, warnen möchte, kam der unglückliche „Krach", welcher das Vertrauen erschütterte, die Geschäfte einstellte und die österreichischen Geld- und Papierwerte bedeutend entwertete. Über dieses Unglück frohlockten die Feinde Österreichs und schrieben und schimpften über den Nichterfolg der Weltausstellung. Da sie aber später sahen, daß das alte Österreich noch Leben hatte, der Andrang der Fremden immer größer wurde, so änderten sie ihre Gesinnungen, lobten Wien und die Weltausstellung über den grünen Klee und ließen sich das Pilsner und Schwechater unter dem Schatten der grünen Bäume bestens schmecken. Es ging daher an allen Ecken und Enden des Praters lustig zu. Man fand Franzosen, Engländer, Italiener, Spanier, Russen, Türken, Schweden etc. in allen Nationaltrachten und Sitten und man konnte sehen, daß es unter allen civilisierten Völkern, wenn man Geld und Lust hatte, gut zu leben ist.

Diese schöne Weltausstellung, welche den alten Prater zu einer großartigen Stadt umstaltete, wurde am letzten Oktober 1873 geschlossen und sehr bald legte sich über den Platz dichter Nebel und Trauer. Die Freuden verschwanden, die Leiden des Krachs blieben und werden noch heute in mancher Familie verspürt. Auf mich machte diese Ausstellung den günstigsten Eindruck. Man lernte hier nicht nur Menschen, sondern Sitten, Gebräuche und Erzeugnisse aus allen Weltgegenden kennen. Durch den Schluß derselben wurden alle Objecte demoliert und nur die schöne Rotunde mit ihren vier Anbauten ziert noch heute den Prater, in welchem Tausende Vergnügen und Labung finden.

Obwohl der vorne genannte Krach auf meine finanziellen Verhältnisse keinen schädlichen Einfluß hatte, da ich mich von jeher von jeder gewagten Unternehmung ferne hielt, so hatte er doch ein Mitglied meiner Familie erfaßt und dasselbe von seinem bisherigen Berufe abgelenkt. Mein Sohn Viktor, welcher durch zwei Jahre in der Unionbank als Comptoirist diente, und Aussicht für seine Zukunft hatte, verlor auf einmal die Liebe zu seinem Berufe, weil nach seiner Aussage die ganze Umgebung und die sämtlichen Geschäfte dieser Anstalt seinem künstlerischen Naturell nicht zusagten. Er verzichtete, ohne meine Zustimmung, auf seine Anstellung.

Während dieser Zeit störte ein anderes Ereignis unser friedliches Familienleben. Mein jüngerer Sohn Oskar, Schüler der zweiten Gymnasialklasse, hatte am 10. Jänner 1874 das Unglück, mit dem Staatsbeamten Gold auf dem Eislaufplatz zu fallen, wo ihm der letztere das linke Bein abdrückte. Ich und meine Frau waren diesen Abend nicht zu Hause. Als wir aber in die Wohnung traten, fanden wir ihn in dem Bette, mit dem eingerichteten Fuß. Welcher qualvolle Schmerz vor dem Anblick unseres Kindes! Der Arme war in unserer Gegenwart sehr standhaft, zeigte keine Schmerzen, umarmte und küßte uns und gab das Versprechen, daß er ja nicht mehr schleifen werde. Es war ein Glück für den Kleinen, daß gerade Dr. Dhanhy (?) auf dem Eislaufplatze anwesend war, welcher die glückliche Operation durchführte und uns nach zwei Monaten unser Kind wieder gesund übergab. Einen weiteren Schmerz erlitten wir zu derselben Zeit durch den Tod meines Schwiegervaters Philipp Willner, welcher am 9. Mai 1874 sein Zeitliches gesegnet hatte. Er erkrankte in seinem 93. Jahre an einer Lungenentzündung und war nach drei Tagen eine Leiche. Um diesen biederen, ehrlichen Mann tat es mir sehr leid, da er von allen, die ihn kannten, sehr geliebt wurde.

Krankheit von Simon Georg Sina

Während dieser Zeit standen mir und meinen Mitbeamten noch andere Sorgen bevor. Der gute Baron Sina, unser allverehrter Herr, fing an zu kränkeln und niemand wußte zu sagen, was aus ihm werden wird. Anfangs zeigten sich mindere Harnkrankheiten und Hautausschläge und sein jüngster Leibarzt Dr. Hirschfeld, entdeckte als Erster ein Nierenleiden. Von nun an wurde die ärztliche Hilfe außerordentlich in Anspruch genommen und der Professor Dietl, als langjähriger Hausarzt, kam mehrere Male täglich und Prof. Bamberger als Consulent, wurde auch nicht vernachlässigt; und da er außer Hirschfeld noch Dr. Heller, Dr. Nagel und Dr. Atzinger als Hausärzte hatte, so war an ärztlicher Hilfe keine Not; und trotz dieser menschlichen Hilfe wurde sein Harnleiden immer stärker, der Ausschlag verbreitete sich über den ganzen Körper und der gute Baron mußte trotz seines Geldes und der vielen Ärzte unendlich leiden.

Im Frühjahr übersiedelte er mit seiner ganzen Familie und Dienerschaft auf das Schloß Rappoltenkirchen, wo er bis in den Spätherbst verblieb. Da sich während der Zeit keine Besserung zeigte, vielmehr die Krankheit in eine Blutzersetzung und Wassersucht ausartete, so transportierte man ihn mit einem eigens construierten Wagen nach Wien, wo er in einem Rollwagen geführt und dahinsiechte und am 15. April 1876, um 4 Uhr früh seinen Geist aufgab. Sein Bett umstanden seine trostlose Gattin, seine vier Töchter, samt Schwiegersöhnen, alle Ärzte, Freunde und Dienerschaft. Somit war die Kunst der Ärzte zu Ende. An ihre

Stelle trat eine höhere Macht, welche die Wege bestimmt, die die Millionärs, wie die Bettler gehen müssen.

Baron Sina war von jeher ein großer Freund der Ärzte, welche ihm auch Tausend und Tausend gekostet hatten. Unter allen bezog Dr. Dietl den Löwenanteil, da er immer sein Leibarzt war. Ich kenne Dietl seit Anfang der Vierziger-Jahre, wo er durch Protektion des Barons Landarzt in ungarisch Teplitz war. Später nahm ihn derselbe nach Wien und suchte ihn durch Vermittlung des Hofrates Dr. Güntner in das allgemeine Krankenhaus zu bringen. Von da aus machte er seine spätere Cariere. Er wurde Professor, Hofrat und adelig und auch ein wohlhabender Mann.

Als der Baron im Jahre 1857 den Sommer in Ischl verbrachte, saßen wir oftmals mitsammen im Vorzimmer, plauderten über verschiedene Neuigkeiten und warteten den Moment ab, wo er uns verließ. Später hat sich das wohl anders gestaltet. Er wurde ein gesuchter Mann, ich blieb ein Baron Sina'scher Diener. Ich erinnere mich noch heute auf den Fall, wie Dietl den ersten Orden erhielt. Baron Sina beauftragte Dietl, für die königl. griech. Regierung eine Kiste chirurgische Instrumente zu kaufen und dieselbe nach Athen zu schicken. Hierauf erhielt Dr. Dietl den griechischen Erlöserorden und der Grund zu seinen Späteren war hiemit gelegt.

Wie leicht Orden erreicht werden, habe ich bei dem Sina'schen Güteradministrator Dr. Preyss erlebt. Derselbe war österreichischer Notar und wurde durch Vermittlung des Barons, königl. griech. Legationsnotar. Es währte nicht lange und an seiner Brust hing der griech. Erlöserorden. Für welche Verdienste ist mir bis heute noch unbekannt. Der verstorbene griech. König Otto hatte nächst Athen das Gut Heptalopek, welches nach seinem Tode seiner Gattin zufiel. Als sich die Königin-Witwe nach Oldenburg zurückzog, kaufte Baron Sina das Gut um 70.000 Drachmen. Hiezu verfaßte Preyss den Kaufvertrag, wofür ihn der Baron seine Expensnote bezahlte und von Bayern erhielt er den Michaels-Orden und von Oldenburg einen Oldenburg'schen Orden. Diese Ordenserteilung erklärt sich aus dem Grunde, weil König Otto I. ein Bayer und dessen Gemahlin eine Oldenburg'sche Prinzessin waren. Als im Jahre 1873, bei der Weltausstellung, alle großen Grundbesitzer selbstständig ausstellten, so wurde auch Preyss, als Sina'scher Güteradministrator, vom Baron beauftragt, für seine sämtlichen Güter eine selbstständige Exposition zu veranlassen. Dieselbe war nicht übel, aber gegen jene von Erzherzog Albrecht, Fürst Liechtenstein, Fürst Schwarzenberg und Esterhazy etc. war es nicht im geringsten zu vergleichen. Die Folge war, daß den vorne genannten Ausstellungen die höchste Auszeichnung zuerkannt wurde, hingegen der Sina'schen nur eine kleine Anerkennung zu Teil wurde. Hierüber war Preyss untröstlich, da die Chefs der obigen Cavaliers Auszeichnungen erhielten und Preyss, als Sina'scher Chef, durchfiel. Er dachte jetzt auf ein Mittel, wie dieser unangenehme Fall wegzuschaffen sei; und siehe da, man fand dasselbe in der Person des ungarischen Professors Wagner, welcher Preisrichter der ungarischen Abteilung war. Dieser Professor brachte es dahin, daß eine nochmalige Prüfung der Sina'schen Ausstellung veranlaßt wurde, bei welcher das erste Urteil verworfen und das zweite für die größte Auszeichnung lautete. Preyss ward gerettet, seine Wünsche gingen in Erfüllung, er erhielt den Orden der eisernen Krone III. Klasse und später konnte man ihm als Ritter gratulieren. Diese verdienstvollen Auszeichnungen führten mich von meinen früheren Erzählungen ab, weshalb ich dieselben verlasse und zu den Letzteren zurückkehre.

Sobald der Tod des Barons eingetreten war, wurde ich frühmorgens, 4 Uhr aus meiner Wohnung mit dem Herrschaftswagen abgeholt, um von der folgenden Herrscherin, der Baronin, die Befehle zu dem Leichenbegängnis in Empfang zu nehmen. Als mich die tiefgebeugte Frau sah, und ich condolirte waren ihre ersten Worte: „Ich danke Ihnen, lieber Stauffer, mein guter Baron hat Sie immer gern gehabt." Ich dankte für diese schmeichelhaften Worte und nahm die Aufträge zur Bestattung der Leiche entgegen, welche mir wahrscheinlich deshalb zukamen, weil ich schon früher sechs Familienmitglieder in die Gruft nach Rappoltenkirchen begleitete.

Der Leichnam wurde durch drei Tage in dem Palais Hoher Markt Nr. 8 im ersten Stock aufgebahrt und sodann durch die Erste-Pr.-Pompfünebre nach Rappoltenkirchen, in die Sina'sche Gruft überführt. Dieses Leichenbegängnis war eines der größten in Wien und der Andrang von Menschen war so groß, daß Funktionäre, wie ich, welche mit einem eigenen Wagen die Urne, in welcher das Herz aufbewahrt war, dem Leichnam nachfolgen sollte, der ceremonialen Vorschrift nicht nachkommen konnte. Erst später konnte ich mich dem Trauerwagen anschließen.

Die Regelung des Nachlasses von Simon Georg Sina

Als der arme Millionär bestattet war und ich mit meinem Collegen nach Hause fuhr, dachte ich nach, was wird jetzt mit den Millionen, was wird jetzt mit den langjährig und treu gedienten Beamten und Dienern geschehen, da ich gewahr wurde, daß sich schon jetzt fremde Gestalten um die Herren Schwiegersöhne bewegten, welche dem Hause Sina ganz fremd waren und bei demselben sich niemals Verdienste erworben hatten. Es dauerte nicht lange und meine Sorgen gingen in Erfüllung. Die alten Beamten wurden von denselben immer kühler empfangen, die neuen Gestalten traten in den Vordergrund und die Herren Schwiegersöhne dachten jetzt nur an die Millionen, welche sie nach der Eröffnung des Testamentes in den Cassen vorfinden werden. Leider, wie wurden sie in ihren Hoffnungen getäuscht! Sie fanden viele Millionen an Papier- und Realitätenwerten, aber sehr wenig bares Geld. Dieses Testament machte alle Erben verstimmt. Jede der vier Töchter bestellte sofort ihren Rechtsfreund. Die Gräfin

Wimpffen den Dr. Herzfeld, die Fürstin Maurocordato den Dr. Baron Härdtl, die Fürstin Ypsilanti den Dr. Joly und die Herzogin de Castries den Dr. Baron Haimberger. Die gute Baronin, welche von ihrem seligen Gemahl sehr gut bedacht war, vertrat Dr. Willner. Als Testamentsexecutor fungierte der k. k. Notar Preyss, welchen der Baron bei Lebzeiten bestimmt hatte.

Als die Rechtsfreunde bestimmt waren, so hätte die Erbserklärung stattfinden können, wäre nicht im Testament ein Paragraph bestanden, welchen die vier Erbinnen vorderhand nicht anerkannten. Derselbe lautet: „Ich wünsche, daß mein ganzes bewegliches und unbewegliches Vermögen, von welchem ich 22 Güter in Ungarn als Substitutions-Güter, an meine Enkel vermache, unter der Verwaltung meiner guten Gemahlin verbleibe, meine Kinder den jährlichen Fruchtgenuß erhalten und erst dann in den physischen Besitz des Vermögens gelangen, wenn meine gute Gemahlin mit Tod abgegangen sein wird. Sollten sie meinen Willen nicht respektieren, so sollten sie auf den Pflichtteil gesetzt werden." Zufolge dieses Paragraphes konnte man von den Erbinnen nichts anderes, als einen Protest erwarten. Statt in den augenblicklichen Besitz von Millionen zu gelangen, sollten sie jetzt abwarten und Prozesse führen, um den Anteil ihres Erbes zu bekommen. Die Folge war, daß sie sich nicht erbserklärten und daß zwischen dem Testaments-Executor und den Advokaten ziemliche Plänkeleien entstanden, welche anfangs dem Ersteren nützten, da ihn die Baronin in allem unterstützte. Da diese Unterstützung den Erbinnen nicht convenierte, so forderten sie ihren Pflichtteil; und um bares Geld zu verschaffen, hätten Güter verkauft und verschleudert werden müssen, was am Ende die gute Baronin doch nicht tun wollte. Sie entließ daher den Preyss als ihren Güteradministrator, ermächtigte ihren Rechtsfreund Dr. Willner, zu einen gütlichen Ausgleich mit ihren Töchtern, damit diese Erbschaftsangelegenheiten, welche in allen Tagesblättern besprochen wurden, zu Ende geführt werden. Von nunan nahmen die Verhandlungen einen freundlicheren Charakter an. Man griff auf die Erbteilungsurkunde, beim Tod des Barons, welche nachfolgend gelautet hatte:

Aktivstand laut gerichtlicher Schätzung: Gulden 36.600.709,-
Passivstand: Gulden 15.581.324,-
Verbleibt reines Vermögen: Gulden 21.019.385,-

Dieses Vermögen hatte schon der Baron laut seinem Testamente nachfolgend verteilt:
Die Gräfin Wimpffen erhält die Güter Ersci und Erd in Ungarn
Die Fürstin Maurocordato Gföhl, Droß, Jaidhof u. Rehberg in Österreich und Tolna in Ungarn
Die Fürstin Ypsilanti Kossitz, Bürschitz in Mähren, Dudesti u. Zimmecele in Rumänien u. Leopoldsdorf in Österreich
Und die Herzogin de Castries Brumov, Hrottowitz, Missliborschitz, Dalleschitz in Mähren und Trencin in Ungarn als ihr Eigentum.

Die Baronin erhielt laut Testament die Herrschaften Podebrad und Rovanitz in Böhmen und die Herrschaft Bellatinz in Ungarn. Ferner die Herrschaft Rappoltenkirchen als lebenslänglicher Fruchtgenuß und sieben Häuser in Wien, drei in Pest, zwei in Szegedin und die Villa in Penzing und das Palais in Venedig als ihr Eigentum und verblieb Verwalterin der 22 Substitutionsgüter.

Aus dieser Verteilung ist zu entnehmen, daß der Baron seine Frau außerordentlich bedachte und daß man sich nicht wundern darf, wenn seine Töchter gegen das Testament Einspruch machten. Um aber einen friedlichen Ausgleich herbeizuführen, willigten sie schließlich ein. Als der Testamentexecutor Preyss von denselben verständigt wurde, legte er bei der Abhandlungsbehörde Verwahrung ein und selbst diese gab nicht gleich ihre Zustimmung, da der Ausgleich manchen Anordnungen des Testamentes entgegen war. Nach langen Verhandlungen wurde der Ausgleich perfect, sowohl die Erbinnen, sowie die Legatarin traten ihr Eigentum an und sie mußten sich mit demselben begnügen, trotzdem jedes derselben nicht wenig belastet war. Da die vier Erbinnen bei dem Tode ihres Großvaters schon bedacht wurden, so kamen sie jetzt in den Besitz von Realitäten, welche einen Wert von ca. 5.000.000,- Gulden bei jeder präsentierten und konnten daher ihre Haushaltungen cavalliermäßig einrichten. Daß manche derselben über diesen Stand hinausging, war leider ihre eigene Schuld. Während dieser Erbsverhandlungen mußte die Baronin-Witwe, als Nutznießerin der 19 Substitutions-Güter und ihres eigenen schuldenfreien Vermögens, welch letzteres sich auf ca. Gulden 6.000.000,- belief, eine Stelle schaffen, damit die Verwaltung rationell und zu ihrem eigenen und zum Nutzen ihrer Nachkommen fortgeführt werde. Diese Stelle wurde durch einen Administrationsrat ersetzt, welcher aus drei bevollmächtigten Administrationsräten und vier Referenten bestand. Als die Ersteren fungierten Ch. Joanoites, von Zechany und Dr. Willner, als Letztere Krieger, ung. Wirtschaftsrat, Stipeck, deutsch-slawischer Wirtschaftsrat, Kryspin, Dömänenbuchhalter und ich als Bau- und Häuserinspector. Am Schlusse des Jahres mußte dieser verantwortliche Verwaltungskörper der Baronin, den vier Töchtern und den vier Curators, welche für die Substitutionen bestellt waren, genaue Rechnung legen und etwaige Bemängelungen wieder vollständig erläutern. Auf diese Weise wurde dieses Vermögen bis zu dem Tode der Baronin verwaltet, über welchen Gegenstand ich später noch schreiben werde.

Weitere Kuren in Karlsbad

Nach dem Tode des guten Barons wurden die Baulichkeiten immer weniger und ich konnte für meine Gesundheit sorgen. Ich besuchte mit Erlaubnis der Baronin mit meiner Tochter Irene im Jahre 1878 und 1879 den Badeort Karlsbad, wo ich das heilsame Wasser und die gute Luft genoß. Nach Vollendung der Badecur (1878) ging meine Tochter nach Gleichenberg, wo unsere Mama ihre Gesundheit suchte, wogegen ich Reichenhall aufsuchte und hier in dem Fichtennadelduft meine Nachcur durchmachte. Nach Beendigung unserer Curen trafen wir uns wieder in Wien, wo uns die übrigen Mitglieder der Familie schon mit Sehnsucht erwarteten.

Da das Jahr 1879 das letzte meiner Badereisen nach Karlsbad war, so will ich die Jahrgänge angeben, in welchen ich teils allein, teils mit meinen Angehörigen den heilsamen Badeort besuchte. Jedes Jahr meiner Anwesenheit schnitt ich in die Rinde einer Buche, welche in der nächsten Nähe des Findlatters-Tempel steht, ein und sollte dieselbe noch leben, so müssen sich in derselben nachstehende Zeichen vorfinden. 1854, 58, 59, 64, 65, 67, 70, 71, 72, 78 und 79.

Aus diesen Ziffern ist zu entnehmen, daß ich elfmal die Cur gebrauchte und daß im Jahre 1859 meine Frau Caroline, im Jahre 1865 meine Frau Caroline und meine Tochter Fanny, im Jahre 1870 mein Sohn Viktor, im Jahre 1872 meine Frau und in den Jahren 1878 u.1879 meine jüngere Tochter Irene mit mir anwesend waren.

Ich danke der göttlichen Vorsehung, daß meine Gesundheit soweit hergestellt ist, daß ich einer weiteren Badecur nicht bedarf; sollte dieselbe aber notwendig werden, so werde ich sie wieder mit Vergnügen antreten.

Ich bemerkte, daß das von Baron Sina zurück gebliebene Vermögen von der Baronin bis zu ihrem Tode verwaltet wurde, zu welchem Behufe sie einen Verwaltungsrat bestellte. Außer dieser Verwaltung führte sie auch das Großhandlungshaus, an dessen Spitze der Verwandte S. von Zechany stand, einige Jahre fort, was der gute Baron nach seinen Anordnungen nicht gewünscht hätte. Er bestimmte laut Testament, daß dasselbe nur zwei Jahre zur Abwicklung des Geschäftes sollte fortgeführt werden, da er recht gut wußte, welchem Risico man durch unvorhergesehene Fälle entgegen gehen könne. Wäre dieser Wunsch befolgt worden, so wäre die gute Baronin von manchen finanziellen Schwierigkeiten befreit gewesen; da aber das Gegenteil befolgt wurde, so mußte sie auf ihr schuldenfreies Gut Podebrad ein Anlehen von Fl. 13.000.000,- machen, was auf ihren Credit und auf ihre übrigen Vermögensverhältnisse sehr nachteilig wirkte. Da die Baronin für ihre Person sehr wirtschaftlich war, so hatte dieser Fall auf ihr bedeutendes Vermögen von ca. Gulden 6.000.000, welches ihr der Baron hinterließ, keinen Einfluß gehabt; da aber ihre beiden Schwiegersöhne, der Herzog de Castries und der Fürst Ypsilanti das Wirtschaften nicht gelernt hatten und ihr Liebling, der Fürst Ypsilanti, immer in Geldverlegenheiten war und sie ihn nicht im Stiche lassen wollte, so trat auch bei ihr Geldmangel ein, welcher durch das Erträgnis der Güter nicht befriedigt wurde. Denn während ihrer elfjährigen Verwaltung hatten dieselben nur zweimal einen Überschuß von Gulden 20.000,-, in den übrigen Jahren hatten sie immer ein Defizit. Die Baronin hatte bei dem Ausgleich der Verlassenschaft viele Lasten übernommen, wozu ihre Töchter verpflichtet gewesen wären, daher sie das Defizit aus ihrem eigenen Vermögen bestreiten mußte und dadurch dasselbe immer kleiner wurde.

Misswirtschaft und Tod von Iphigenie Sina

Diese mißlichen wirtschaftlichen Verhältnisse und die traurigen Erlebnisse ihrer Töchter Ypsilanti und Castries, besonders wie sie erfuhr, daß die Erstere ihre Güter Eichhorn, Rossitz und Dalleschitz an den Baron Hirsch, die Zweite, Missliborschitz, Hrottowitz und Dalleschitz an Dreher und das Wellehrad an eine geistliche Corporation verkauften, machten auf ihren Gesundheitszustand einen gefährlichen Einfluß. Aufregung, Herzklopfen und schlaflose Nächte verließen sie nicht mehr; und da noch Herzschläge eintraten, so welkte sie langsam dahin, bis sie die göttliche Vorsehung von ihrem Leiden erlöste. Die Zeit dieser Befreiung war der 21. Dezember 1884, 2 Uhr nachts.

Dieser Tod hatte nicht nur auf ihre Kinder und Verwandten, sondern auf ihre vielen Beamten und Diener einen niederschlagenden Eindruck gemacht, weil sich bei allen, außer der Gräfin Wimpffen, welche ihr Vermögen beisammen hielt, die Existenzfrage in den Vordergrund stellte. Der Leichnam wurde seciert, einbalsamiert und nach drei Tagen in der Gruft in Rappoltenkirchen beigesetzt. Mit demselben wurde die Zahl 12 erreicht und ist von nun an für immer geschlossen.

Die Baronin hinterließ drei Töchter, da die Vierte, verehelichte Fürstin Maurocordato im Jahre 1881 auf ihrem Gute Mauerbach ihr Leben beendet hatte. Diese drei Töchter waren die Gräfin Wimpffen, die Fürstin Ypsilanti und die Herzogin de Castries. Sie kamen bei dem Tode ihrer Mutter in dieselbe unangenehme Lage, wie bei dem Tode ihres Vaters. Auch hier hatte das Testament einige Clausel, welche die zwei Letzteren in die größte Aufregung versetzten. Da dieselben das von ihrem Vater ererbte Vermögen größtenteils verwirtschaftet hatten, so setzte die Baronin dieselben auf ihren Pflichtteil und die Gräfin Wimpffen und die Kinder der Ypsilanti zu gleichen Teilen als Erben ein. Außerdem erhielt ihr Testament noch die Bestimmung, daß das Pensionsnominale, welches ihr Gemahl bei Lebzeit bekannt gab, von ihren Erben eingehalten werde und creierte einen Pensionsfond, welchen sie mit Fl. 50.000,- bar und 1000 Stück Pottendorfer Spinnfabriksactien dotierte. Es ist klar, daß diese Bestimmungen sämtliche Erben in Unfrieden versetzten und daß sie daher die Erbserklärung verweigerten. Dazu kam noch das Unglück, daß der Fürst Ypsilanti, welcher noch bedeutende Schulden hatte, am 19. Februar 1886 bei seiner Schwester in Paris mit Tod abging und seine Gemahlin, welche für seine Wechsel haftete, den Concurs mit Fl. 2.000.000,- anmelden mußte. Durch dieses Ereignis wurde die Verwirrung in der Familie noch größer und die fünf Advokaten hatten schwersten Stand, bis der scheinbar unauflösbare Knoten zur Durchhauung kam. Anfangs machten diejenigen Erben große Schwierigkeiten, welche auf ihren Pflichtteil gesetzt wurden; und zweitens wollten sich sämtliche Erben zur Bezahlung der Pensionen, welche jährlich Gulden 131.000,- betrugen, nicht schriftlich herbeilassen; und daß Letzteres doch zu Gunsten der Pensionisten durchgesetzt wurde, das hatten dieselben nur dem Testament-Executor Dr. Willner und seinem Collegen Dr. Joly, welcher in einer Sitzung das Recht der Pensionisten mit seinen beredten Worten verfocht, für immer zu verdanken.

Es war jetzt Pflicht der Vertreter, ihre Clienten dahin zu bringen, daß sich dieselben einigen, weil das Handelsgericht zur Erbserklärung drängte und weil jedes Hinausschieben derselben, den Nachlaß der Baronin schädigte. Die Herren Advokaten, Dr. Baron Härtl, Dr. Baron Heimberger, Dr. Baron Sommaruga und Dr. Joly, als Vertreter und Dr. Willner, als Testaments-Executor, arbeiteten jetzt, obwohl nicht ohne Kämpfe, ununterbrochen durch ein Jahr und die Einigung kam auf folgende Weise zustande.

De Castries und Ypsilanti erhielten jede einen Pflichtteil von Gulden 540.000,-, mit dem Beisatze, daß die Letztere eine lebenslängliche, unentgeltliche Wohnung in der Stadt, Annagasse Nr. 995 noch erhält. Die Gräfin Wimpffen erhält die Herrschaft Bellatinz und das große Haus in Pest, Elisabethstrasse Nr. 18-19 in Ungarn, die Häuser, Stadt, Berghof Nr. 510, Hoher Markt Nr. 511 und 512 in Wien, die Realitäten Penzing, Schmiedgasse, und das Palais in Venedig und die vier Kinder der Fürstin Ypsilanti erhielten die Herrschaften Podebrad und Kovanitz in Böhmen und die Häuser, Stadt, Annagasse Nr. 995, alter Fleischmarkt Nr. 684, Landstrasse Ungargasse Nr. 366 und die Reitschule, Beatrixgasse Nr. 349 in Wien. Die Herrschaft Rappoltenkirchen in Niederösterreich wurde schon laut Testament des Barons, zum Fruchtgenuß an die fürstlich Ypsilanti'sche Linie vermacht und bleibt in derselben solange, als ein Glied dieser Familie vorhanden sei; erst nach dem Aussterben derselben, geht das Gut an die katholische, Wimpffen'sche Linie über. Da dieser Ausgleich von den sämtlichen Erben genehmigt und unterfertigt war, so wurde er dem Handelsgericht überreicht, worauf in einer kurzen Zeit die Verlassenschaftsabhandlung beendet war. Die Erben kamen jetzt in den Besitz des hinterlassenen Vermögens von ca. Gulden 3.000.000,-, welches sie auch unverweilt untereinander verteilten.

Pensionierung

Das Erste ihrer Anordnung war, daß sie sämtliche Centralbeamten in Wien kündeten und dieselben mit 30. April 1885 in den Ruhestand versetzten. Zur Behebung der Pensionen bestimmte die Gräfin Wimpffen in ihrem Hause, Hoher Markt Nr. 512, ein Local, wo unter der Aufsicht eines Pensionsrates, jeder Beamte und Diener seine Pension einkassieren kann. Meine beträgt jährlich Fl. 1.800,-; und obwohl sie nicht groß ist, so danke ich doch der Vorsehung und dem Hause Sina, daß ich dieselbe besitze und wünsche nur, daß ich sie noch mehrere Jahre in Frieden und Ruhe genießen könne.

Da ich während meiner 42jährigen Dienstzeit in dem Hause Sina, unter angenehmen Verhältnissen mein Brot gegessen habe; und da nach dem Aussterben dieses Namens so viele unwahre Gerüchte in Umlauf kamen, so fühle ich mich verpflichtet, denselben entgegen zu treten und dieselben auf ihr richtiges Maß zurückzuführen.

Vermögen von Georg Simon Sina

Vor allem muß ich bemerken, daß sich das Vermögen des vorletzten Sina, Baron Georg, niemals so hoch belief, wie dies im allgemeinen vermutet wurde. Die Folge war, daß auch der letzte Sina, Baron Simon, welcher mehr als Cavalier, als wie ein Großhändler lebte, nicht so reich war, als dies im Volke ausgesprengt wurde.

Bares Vermögen hinterließ weder der Erste, noch der Letzte. Ihr Vermögen bestand aus einem ausgedehnten Häuser- und Gütercomplex, variierte daher fortwährend, je nachdem das Erträgnis größer oder kleiner wurde. Es konnte daher niemals genau bestimmt werden, wie groß dasselbe war. Meines Erachtens dürfte das Vermögen des ersten Sina zwischen 35 bis 40 Millionen geschwankt haben. Die große Summe von 60 bis 70 Millionen, welche im Volksmunde herumschwirrte, war eine Fabel; und Sina, als schlauer Bankier und Speculant, tat nichts dagegen, weil dies seinem Credit und seiner Speculation nur Vorschub geleistet hatte. Er hatte auch nicht sein ganzes Vermögen seinem Sohn hinterlassen.

Wie schon erwähnt, legierte er schon vor seinem Tode seinen vier Enkelinnen, jeder eine Herrschaft und ein Stadthaus in Wien. Es kam daher sein Sohn nicht in den Besitz des ganzen Vermögens seines Vaters.

Bei dem Tode des vorletzten Sina, welcher im Jahre 1856 eintrat, waren auch ziemliche Passiva vorhanden. Das eidesmäßige Vermögensbekenntnis, welches sein Sohn dem Handelsgericht überreichte, betrug 26.5 Millionen. Die Ziffer dieser Summe wurde durch die gerichtlichen Schätzungen, nach dem 100fachen Steuerertrag, gefunden. Aus diesem ergibt sich, daß das ungesteuerte, Vermögen des vorletzten Sina wirklich eine Fabel war.

Das reine Vermögen des letzten Sina, welcher im Jahre 1876 starb, betrug laut gerichtlichem Vermögensausweis Gulden 21.000.000,-, somit um 5.5 Millionen weniger, als jenes seines Vaters. Er hätte sonach während seiner 20jährigen Regierung nur 5.5 Millionen zugesetzt. Das scheint aber nach meiner Ansicht nicht richtig zu sein, da die Realitäten bei dessen Tode in einem viel höheren Wert waren, als wie bei dem Ableben seines Vaters.

Diese Hinterlassenschaft von Gulden 21.000.000,- kam nach dem Ausgleiche in die Hände seiner vier Töchter und seiner Gemahlin, Baronin Iphigenie von Sina.

Die verstorbene Fürstin Maurocordato, welche ohne Familie aus dem Leben ging, vermachte ihr ganzes Vermögen, nach Abschlag einiger Legate, ihrem Gemahl, welcher dasselbe per Gulden 2.000.000,- vorsichtig verwaltet und nutzbringend angelegt hat.

Die Gräfin Wimpffen, bekannt als sparsame Frau, besitzt die schönen Güter Ercie, Ere und Bellatinz und das große Haus in Budapest, Elisabethstrasse, in Ungarn, die Häuser Nr. 510, 511, 512 u. 768 in der inneren Stadt Wien, die große Realität Penzing, Schmidtgasse in Österreich und das schöne Palais Grassi in Venedig, mit einem Wert von Gulden 5,000.000,-. Wenn diese Realitäten auch jetzt noch teilweise belastet sind, so habe ich doch die sichere Überzeugung, daß dieselben in 12 bis 15 Jahren, wenn die Gräfin das Leben erhält und ihre zwei Söhne wirtschaften lernen, schuldenfrei werden.

Die Herzogin de Castries besitzt das große Gut Trencin und den Badeort Trencin-Teplitz in Ungarn, die Herrschaft Brumow in Mähren und die Häuser „Zur Linde" und in der Kölnerhofgasse Nr. 4 in Wien und ihr schönes Palais in Paris, in welchem sie derzeit wohnt, nach Abschlag der Schulden von Gulden 1.5 Millionen.

Die Ypsilantischen Kinder, als Erben nach ihrer Großmutter, Excellenz Baronin Iphigenie von Sina, besitzen das große Gut Podebrad und Kovanitz in Böhmen, die Wien-Stadthäuser Nr. 684 und 995 und die Vorstadthäuser Ungargasse Nr. 9 und Beatrixgasse Nr. 3, nach Abzug der Passiva von Gulden 1.75 Millionen. Die Mutter dieser Kinder, die Fürstin Ypsilanti, besitzt kein Vermögen mehr, bezieht aber aus dem Erträgnis der Substitutionsgüter eine jährliche Apanage von Gulden 30.000,- für sich und zur Erziehung ihrer Kinder und eine lebenslängliche Gratiswohnung in dem Hause Nr. 995 in der Stadt. Summiert man das oben ausgewiesene Vermögen, so sind bei einer vernünftigen Lebensweise, nach Ablauf des Jahres 1930, noch immer 18 bis 19 Millionen Gulden vorhanden, ein Reichtum, mit welchem die sieben lebenden Enkeln des Barons Sina noch immer fürstlich leben können. Ich glaube dennoch, daß ich meine oben aufgestellte Aufgabe hiemit gelöst habe.

Herkunft der Familie Sina

Weiters will ich noch einige Notizen über die Herkunft der Sina'schen Familie mitteilen. Die Familie Sina stammt aus Macedonien, gehört zur walachischen Nationalität und griechischen nichtunierten Glaubensbekenntnisse. Sie wurden in den 80 Jahren des vorigen Jahrhundert, sowie viele andere Griechen, durch den berüchtigten Wüterich Ali Pascha von Janina, welcher jede Regung der Christen im Blut erstickte und durch türkische und albanische Freischaren vertrieben. Dieselbe flüchtete sich nach Ungarn und später ging sie mit ihren Glaubensgenossen Dumba, Curti, Dacka, Tirka, Spirta, Dera, Gyra, Findo, Kapra,

Zotto und anderen nach Wien. Ihr Geburtsort war Kavala in Macedonien, derselbe Geburtsort, wo Mohemed Ali, der bekannte Vicekönig von Ägypten, dessen Nachkommen noch dort das Zepter führen, im Jahre 1769 das Licht der Welt erblickte. Diese Griechen schlossen sich in Wien fest aneinander, vermittelten den Handel aus der Türkei und den Balkanstaaten nach Wien, gründeten Institute und Wohltätigkeitsanstalten und wurden tüchtige und reiche Kaufleute.

Das Bankhaus Simon Georg Sina mit der Firma S. G. Sina, gründete der oben genannte Sina. Er hatte 2 Frauen, von welchen ihm die Erste den Sohn Georg und die Zweite den Sohn Johann gebar. Er arbeitete mit diesen sehr Fleißig und erwarb sich schon ein bedeutendes Vermögen. Er wurde auch von dem Kaiser Franz in den Adelsstand erhoben. Schon während seines Daseins zeigte der Erstere, nämlich Georg, großen Speculationsgeist, Fleiß und Sparsamkeit. Mit solchen Eigenschaften ausgestattet, wurde es ihm nicht schwer, dem von seinem Vater hinterlassenen Bankhaus einen Weltruf zu verschaffen.

Dieser Georg von Sina war derjenige, welcher auch das große Vermögen erwarb. Er wurde baronisiert, ungarischer Magnat und ein weltbekannter Finanzmann. Weniger Anlage zu diesem Geschäfte hatte sein Bruder Johann. Obwohl er sich diesem Geschäfte ebenfalls widmete, dadurch auch großes Vermögen erwarb, so konnte er dasselbe, nach dem Tode seines Bruders doch nicht erhalten, da er sich in Fabriks- und Güterspeculationen einließ, wozu er aber die notwendigen Kenntnisse nicht hatte. Er hinterließ eine Witwe ohne Kinder, Baronin Marie, welche gegenwärtig noch lebt und hat sein Vermögen bis auf einige hunderttausend Gulden zugesetzt.

Hingegen wußte sein Bruder, Baron Georg, das immense, große Vermögen nicht nur zu erhalten, sondern dasselbe nach seinem Tode seinem Sohn Baron Simon von Sina, in einem geordneten Zustande zu überlassen. Dieser wurde unter Kaiser Franz Josef Excellenz, lebenslängliches Herrenhausmitglied; da ihm aber sein einziger Sohn Georg im zweiten Jahre starb, so ist dieser weltbekannte Name Sina für immer verloschen.

Der Werdegang des Malers Viktor Stauffer

Als mein Sohn Viktor sechs Gymnasialklassen absolvierte, bekam er Lust für das Handelsfach. Die damalige Zeit des Aufschwunges und die Creierung so vieler Banken in Wien zeigten den Handelsbeflissenden eine schöne Perspective der Zukunft. Infolgedessen trat er in die Handelsacademie ein, absolvierte dieselbe nach drei Jahren, ging sodann mit meiner Einwilligung nach Niemburg-Hannover, widmete sich dort dem chemischen Fache, trat aber nach 1 1/2 Jahren zurück, da sich keine Aussicht für seine Zukunft zeigte. Es währte nicht lange, so wurde er in der Unionbank in Wien mit Gulden 700,- angestellt und avancierte binnen zwei Jahren auf Gulden 1000,- Welche Freude dieses schnelle Avancement bei seinen Eltern! Dasselbe dauerte aber nicht lange. Während der Zeit der Wiener Weltausstellung kam er schon öfter mit Klagen über seine Collegen, daß sie nichts als ungebildete Juden sind, daß die Geschäfte der Bank nicht ganz reelle sind, daß er seine Studien am Gymnasium fortsetzen und nach Ablegung der Maturitätsprüfung, die philosophischen Studien an der Universität beginnen wolle. Wie gesagt, so getan. Er kündigte, trotz meiner heftigsten Widerreden, seinen Dienst, suchte seine Bücher zur Fortsetzung der Gymnasialstudien hervor und bat mich und seine Mutter um Gnade und Unterstützung. Nach vielen Sträuben gewährten wir ihm seine Bitte.

Da er die letzten zwei Jahrgänge in einem bewältigen wollte, so hielten wir ihm mit bedeutenden Kosten verschiedene Lehrer und er rüstete sich am Ende des Jahres zur Maturitätsprüfung. Er legte dieselbe am Schottengymnasium ab, fiel aber beim Pater Hugo im Deutschen durch. Trauer und Wehklagen im Hause Stauffer. Als er durch diesen Unfall seine Gesinnung aufrecht erhielt, die Bitte an seine Eltern, wegen Fortsetzung seiner Studien neuerdings stellte, so wurde das Opfer abermals gebracht, welches aber zu lohnenden Früchten führte. Am Ende des Jahres ging er nochmals zur Prüfung, bestand dieselbe in allen Gegenständen und brachte triumphierend das Maturitätszeugnis seinen Eltern. Es war Jubel und Freude über diesen Erfolg.

Mit dem Maturitätszeugnis versehen ließ er sich im kommenden Semester an der Universität inscribieren. Er wählte die Kunstgeschichte, da er zur Kunst besondere Vorliebe zeigte. Obwohl ich sah, daß in diesem Felde sehr wenig Aussichten sind, so ließ ich ihn doch walten. Er besuchte nach seinem Index sechs Semester. Wie oft er die Vorlesungen schwänzte, wußte ich nicht; daß er aber im Malen beim Mayer und Aigner Unterricht nahm, wurde mir durch meine Familie mitgeteilt. Es ist natürlich, daß durch den Umgang mit diesen Männern, sein Kunstsinn erweitert wurde. Er verließ nach schweren Kämpfen die Universität, ließ sich als außerordentlicher Schüler an der Academie der bildenden Künste einschreiben, verließ aber dieselbe nach dem ersten Semester, da ihm das schulmäßige Zeichnen beim Professor Griepenkerl nicht zusagte.

Dieses unstäte Herumschwanken mit seinem Berufe hatte meine Geduld erschöpft, ich verbot ihm mein Haus und entzog ihm die Existenzmittel. Trotz dieser Härte wurde sein Kunstsinn nicht gebrochen. Er wußte sich die Gunst des Malers Canon[49] zu erwerben, bekam Gelegenheit, in dessen Atelier zu arbeiten und zeigte dabei ein Talent im Malen, welches dem Meister nicht wenig imponierte. Woher er während dieser Zeit seine Subsistenzmitteln bezog, ist mir bis heute noch unbekannt. Kamen sie von der Mama, von den Geschwistern, Tanten etc.?

---

[49] Hans Canon, eigentlich Johann Strašiřipka (15.3.1829 Wien – 12.9.1885 Wien) studierte ab 1845 an der Akademie der bildenden Künste Wien und war Schüler von Ferdinand Georg Waldmüller und Carl Rahl. Von 1869 bis 1874 lebte er in Stuttgart und kehrte 1874 nach Wien zurück.

Nach einer geraumen Zeit ließ mich Canon zu sich bitten und ich kam dessen Wunsche nach. Als ich in dessen Atelier eintrat, sagte er nach einer Weile Folgendes: „Herr Stauffer, Sie besitzen einen Sohn, welcher meine bisherigen Schüler alle an Talent übertrifft. Er kann mit Fleiß und Ausdauer ein tüchtiger Maler werden." Diese Worte aus dem Munde eines Canon zu entnehmen, mußten mein Herz erweichen. Ich gab nach und unterstützte den jungen Maler bis zu seiner Vollendung.

Während der Lehrjahre meines Sohnes lernte derselbe die Schwester Canons, eine hübsche Blondine, kennen und knüpfte mit derselben ein Liebesverhältnis an, trotz daß sie mehr Tage als er gesehen hatte. Ein Maler ohne Ruf, eine Frau ohne Vermögen, welche Aussicht für die Zukunft! Und trotz dieser traurigen Perspektive kam die eheliche Verbindung zustande. Ich und meine Frau waren anfangs dagegen, da uns ihre Zukunft Sorgen einflößte; da aber ihr allgemeines Bitten unser Herz erweichte, so gaben wir die Einwilligung und unseren Segen. Sie wurden am 26. Juni 1882 in der Pfarre Inzersdorf bei Wien getraut und traten sodann eine kurze Hochzeitsreise an. Med. Dr. Fries, Inhaber der dortigen Frauenanstalt und Freund des Canons war die Ursache, daß der dortige Ort zur Trauung gewählt wurde.

Anfangs hatte der gute Viktor wegen Herbeischaffung der Existenzmitteln viel zu kämpfen. Er machte uns deshalb viele Sorgen. Da aber seine Arbeiten zur Ausstellung kamen und allgemein Beifall fanden, so erweiterte sich sein Ruf, er bekam ziemlich zu tun und machte eine genügende Einnahme.

In dieser zufriedenen Lage wurde er mit seinen Verwandten schrecklich überrascht. Sein Schwager, Hans Canon, Johann Strašiřipka, ein großer, kräftiger Mann, wurde in seinen schönsten Jahren, am 12. September 1885, nachmittags 4 Uhr von einem Herzschlag getroffen und durch einen augenblicklichen Tod in ein besseres Leben hinüber geführt. Er hinterließ eine tieftrauernde Witwe und einen 2 1/2jährigen Sohn. Welcher Schmerz für die Witwe, kann meine simple Feder nicht schildern. In dieser vermögenslosen und traurigen Zeit eröffnete sich der armen Witwe ein freudiger Lichtstrahl. Graf Hans Wilczek, ein intimer Freund von Canon, erlegte zur Erziehung des kleinen Hansl Gulden 20.000,- Papierrente und somit wurde der Schmerz der armen Witwe teilweise gemildert und ihre Zukunft freudiger gemacht.

Dieser rasche Todesfall versetzte ganz Wien in eine aufregende Bewegung, da ein Maler wie Canon, dessen Werke überall bekannt waren, welcher Bilder, wie die Johannesloge im k. k. Belvedere und der menschliche Kreislauf des Lebens, für das neue k. k. Museum in Wien malte, nicht so leicht zu ersetzen ist. Dieser berühmte Mann wurde am 15. September 1885 mit dem größten Pomp am Matzleinsdorfer Friedhofe zur Erde bestattet und vom Wiener Gemeinderat wurde nachträglich beschlossen, daß seine Überreste, gleich anderen großen Männern, am Zentralfriedhofe einen Ehrenplatz finden sollen.

Die Witwe mit ihrem Kinde übersiedelte nach Iglau, um billiger leben zu können und mein Sohn Viktor übernahm das schöne Atelier Canons, wo er noch heute der Kunst mit Vorliebe obliegt. Gebe die Vorsehung, daß er seine Gesundheit erhält und noch Hübsches und Schönes der Nachwelt hinterläßt.

Der Werdegang von Oskar Stauffer

Infolge nervöser Kopf- und Hüftenschmerzen mußte ich das Schreiben unterlassen und konnte erst nach drei Jahren mit demselben wieder beginnen. Da in meinem 73. Lebensalter der Drang zur Fortsetzung meiner Tageserlebnisse vorhanden ist, so will ich nochmal die Feder ergreifen und mich mit meinem zweiten Sohn Oskar beschäftigen.

Nach Absolvierung seiner Gymnasialstudien machte er im Jahre 1880 seine Maturitätsprüfung, legte dieselbe zu unserer Freude gut ab und ließ sich noch in demselben Jahre an der k. k. Wiener Universität als Hörer der Rechte einschreiben. Da am Ende des zweiten Jahres die erste Staatsprüfung herankam, so wurde er wahrscheinlich infolge größerer Anstrengung von einer Krankheit überfallen, welche den Stempel eines Typhuses trug. Derselbe kam nicht, sondern nach einigen Tagen erklärte mein Hausarzt, Dr. Krauss, es sei eine Gehirnaffection, welche jetzt die größte Ruhe und Enthaltung jeder geistigen Arbeit erfordert. Diese Prognose entsprach wirklich seinem Zustande; und er mußte 3 Jahre pausieren, bevor er wieder ein Buch in die Hand nehmen konnte. Welche Sorgen und Schmerzen während dieser Zeit getragen wurden, ist meine Feder nicht im Stande zu schildern. Gott sei es gedankt; unser Gebet wurde erhört, seine Gesundheit nahm nach und nach zu und er konnte am 7. April 1886 seine Erste Staatsprüfung mit teilweiser Auszeichnung ablegen. Er studierte weiter und am 8. Juli 1888 legte er sein erstes Rigorosum, mit Umgang der zweiten Staatsprüfung, mit sehr gutem Erfolg ab.

Unsere Freude hierüber war so groß, daß ich ihn eine Reise nach Deutschland, Dänemark, Schweden und Norwegen machen ließ, wo er die Städte Berlin, Kopenhagen, Stockholm und Christiania besuchte und seine Rückreise über Hamburg, Dresden und nach Wien machte. Durch diese Reise hat er Menschen und Länder kennen gelernt und seine Gesundheit für seine weiteren Rigorosen gestärkt. Obwohl dieselbe durch sein nervöses Kopfleiden öfter gestört wurde, so brachte er es doch mit Geduld und Ausdauer dahin, daß er am 6. Juli 1888 sein zweites und am 29. Oktober 1889 sein drittes und letztes Rigorosum ablegen und am 5. November 1889 zur größten Freude aller Angehörigen promoviert werden konnte. Dieser Tag war nicht nur für ihn, sondern auch für seine Eltern, Geschwister und Verwandte ein Jubeltag. Diesem feierlichen Act, welcher auf der Wiener Universität vor sich ging, an welchem noch zehn seiner Collegen teilnahmen, wohnten außer einem großen Publikum seine Eltern, seine Schwester Kränzl und seine Neffen, Fritz und Othmar Beck bei und waren außer dem Rector die ersten, welche ihm als Doktor der Rechte gratulierten. Mit Wonne und Freude kehrten wir aus den heiligen Räumen der Universität nach Hause und dankten der göttlichen Vorsehung für die erwiesene Gnade, welche uns an diesem Tage zuteil wurde.

Bei dieser Gelegenheit muß ich eines Mannes gedenken, welcher zur Erleichterung seines Studiums viel beigetragen hat. Derselbe heißt Dr. W. Mahler, ein Jude, und ein wissenschaftlich achtbarer Mann. Er unterrichtete meinen Sohn während seiner Rigorosumzeit und hat zur Linderung seiner Schmerzen viel beigetragen. Diesem braven Manne sei der Dank hiemit nochmals ausgesprochen.

Obwohl nach diesem Vorhergehenden Ruhe und Freude in dem Hause Stauffer eintrat, so kam doch die Frage heran, welchen Weg soll Oskar betreten, damit er seinem künftigen Beruf ehestens zugeführt wird. Da bei der jetzigen Zeit, wo alle Staats- und Privatstellen überfüllt sind, ein müßiges Herumlungern zu seinem Nachteile führen könnte, so wurde von uns allen beschlossen, ihn nach Paris zu schicken, um sich in der französischen Sprache perfecter ausbilden zu können. Obwohl mir das Opfer zu dieser Ausbildung schwer fiel, so kam ich doch den Wünschen meiner Angehörigen nach und schaffte die Mitteln zu seiner Abreise herbei. Er reiste am 14. November 1889, abends, 9 Uhr, mittels der Westbahn über Linz, München, Stuttgart, Straßburg, über Nancy nach Paris und kam am 17. d. M. abends in Paris an. Er verständigte uns über seine Ankunft sogleich telegrafisch und wir waren über seine glückliche Ankunft beruhigt. Über den Erfolg seiner Reise nach Paris will ich später, wenn es mir vergönnt sei, berichten.

Heirat von Irene Stauffer mit Hans Kränzl

In dem Jahre 1889 vollzog sich ein anderes, glückliches Ereignis, welches uns allen willkommen war und große Freude machte. Meine jüngere Tochter Irene unterhielt seit einem Jahr ein Verhältnis mit einem gewissen Hans Kränzl, welches am 25. November 1888 zur Verlobung und am 2. März 1889 zum Traualtar führte. Die Trauung wurde in der deutschen Ordenskirche in Wien, in der Singerstrasse, von dem Herrn Ordenspfarrer vollzogen. Als Zeugen dieses Actes wohnten die Eltern und Geschwister der Braut, die Mutter und der Beistand Dr. Richter des Bräutigams und mehrere Verwandte und Bekannte bei.

Das Festmahl wurde in dem väterlichen Hause der Braut, in Wien, Ungargasse 9, unter friedlichen Gesprächen und Gläserklang abgehalten und als der Champagner seine Wirkung tat, ein und der andere Toast losgelassen. Den ersten sprach der Dr. Richter, als Beistand des Bräutigams. Als er endete, wollten die Hochrufe kein Ende nehmen. Als Vater der jungen Gattin kam die Tour an mich. Obwohl diese eheliche Verbindung unsere allgemeine Zustimmung mit Freuden erhielt, so war doch mein Inneres so wehmütig gestimmt, was mein hier mitgeteilter gesprochener Toast zeigt:

„Hochverehrte Gäste! Im Namen des neuvermählten Ehepaares fühle ich mich verpflichtet, für die soeben vernommenen Worte, den besten Dank auszusprechen. Weiters sei mir gestattet, dem heutigen Ereignisse einige Worte zu widmen: Es ist gewiß eine große Freude, wenn die Eltern sehen, daß eines ihrer Kinder den Weg betritt, welcher ihr von der Vorsehung bestimmt wurde. Nicht minder erfreulich ist es aber, wenn sich das Herz der Eltern mit Besorgnis füllt, wenn dasselbe Kind, welches sie mit Liebe und Freude gepflegt, mit Geduld und Nachsicht erzogen haben, einen Weg betritt, welcher nicht immer mit Rosen, sondern auch manchmal mit Dornen bestreut sein wird. Jedoch das Bewußtsein, daß ihr Kind einem Manne anvertraut wurde, welcher nicht nur die physische, sondern auch die moralische Kraft besitzt, diesen ernsten Weg mit seiner Angetrauten mit Liebe, Geduld und Ausdauer durch zu wandeln, diese Beruhigung ist es, welche den Eltern Trost und Ersatz für das Verlorene gibt.

Sonach bitte ich die hochverehrten Gäste die Gläser zu erheben und auf das Betreten eines langen, glücklichen Eheweges, ein dreifaches Hoch auszubringen. Hoch, Hoch, Hoch."

Um 4 Uhr nachmittags wurde das Mahl aufgehoben. Das neue Ehepaar rüstete sich zur Hochzeitsreise. Sie fuhren mittels der Südbahn um 9 Uhr abends nach Graz, Venedig, Verona, Florenz, Bologna, Rom und Neapel, besichtigten überall das Sehenswürdigste und traten nach 3 Wochen über Pisa ihre Rückreise nach Wien an, wo sie glücklich und wohlbehalten in den Armen ihrer Eltern empfangen wurden.

Dieser gute Mann meiner Irene, dessen Geburtsort Müglitz, wo sein Vater Schullehrer war, ist, widmete sich nach Absolvierung der Realschule dem Handelsstand und da er Vorliebe und Talent für fremde Sprachen hatte, oblag er auch dieser Wissenschaft mit einer solchen Vorliebe und Ausdauer, daß er heute mit Ausnahme seiner Muttersprache deutsch und slawisch, französisch, italienisch und englisch ziemlich gut spricht und schreibt, was ihm heute in seiner Stellung als Procuraführer im Wechselhause Anton Czizek in Wien, sehr gut zu statten kommt. Sein jährliches gegenwärtiges Einkommen beträgt Fl. 2.100.- und da von Seite seiner Schwiegereltern auch noch ein Beitrag geleistet wird, so können diese zwei jungen Leute bei wirtschaftlichem Haushalte angenehm leben.

Wolle die Vorsehung sie beide gesund und zufrieden erhalten, was der sehnlichste Wunsch ihrer Eltern ist.

Die Enkel, Familienangelegenheiten und Todesfälle nah und fern

In dem Jahre 1889 vollzog sich in dem Kreise meiner Familie noch ein drittes Ereignis, welches uns Eltern Freude bereitet hat. Meine zwei Enkeln, Fritz und Othmar Beck, legten am 9. Juli 1889 ihre Maturitätsprüfung am Schottengymnasium ab, welche zur Freude ihrer Eltern und aller Verwandten gut ausgefallen ist. Welche Freude und Jubel im Hause Beck und Stauffer. Als Belohnung für ihren Fleiß machte ihr Vater mit ihnen eine Reise nach Bayreuth, sodann nach Ischl und Gmunden, wo sie sich mehrere Wochen zur Kräftigung ihrer Gesundheit aufhielten.

Die Zeit ihrer weiteren Studien kam heran und Fritz ließ sich als Hörer der Technik, an dieser Hochschule eintragen. Der jüngere, Othmar, welcher Jurist werden will, trat am 18. Juli 1889 bei dem 21. Jägerbataillon als Freiwilliger ein, um im nächsten Jahre die Studien ununterbrochen fortsetzen zu können. Diese freudigen Ereignisse haben mich für meine Schmerzen und Sorgen, welche ich die Jahre 1886 bis 1889 hatte, teilweise entschädigt, wie das Nachstehende zeigen soll.

Nachdem ich in den vorhergehenden Zeilen die wichtigsten Ereignisse meiner teuren Familie geschildert habe, so will ich auf jene meiner Verwandten und auf diejenigen, welche sich im Allgemeinen zugetragen hatten, übergehen und dieselben so kurz, als möglich niederschreiben.

Am 12. April 1835 ist meine Großmutter, Barbara Scheibl, in ihrem 83. Jahre gestorben, ihr Mann, mein Großvater, Josef Scheibl eben daselbst am 2. August 1837, im 82. Jahr. Sie waren von meinem zweiten bis in das 13. Jahr meine Zieheltern, wofür ich ihnen noch heute sehr dankbar bin.

Am 11. Februar 1880 ist meine Mutter, geb. Scheibl, in Groß-Weikersdorf im 93. Jahr gestorben. Dieselbe wurde am 26. Mai 1787 in Ziersdorf geboren, hatte 10 Kinder, wovon bei deren Tode noch vier am Leben waren. Trotz vieler Krankheiten in ihrem ehelichen Stande, erreichte sie oben genanntes hohes Alter bis zu ihren letzten Tagen bei voller Kraft und Geselligkeit in ihrem ländlichen Aufenthalt. Nur ihre letzten Tage zeigten eine schnelle Abnahme ihrer Kräfte, bis schließlich eine Lungenlähmung ihren Tod herbeiführte. Mein guter Vater starb ebendaselbst in seinem 64. Lebensjahr, was ich schon früher ausführlich erzählte. Ruhe sei ihrer Psyche.

Ein ebenso hohes und glückliches Alter erreichte mein Schwiegervater Philipp Willner. Derselbe starb am 9. März 1874 in Wien nach einer 3tägigen Lungenentzündung im 93. Jahre. Er war ein guter, reeller Mann und wurde nicht nur von seinen Kindern, sondern von allen welche ihn kannten, allgemein geliebt und verehrt. Ich kannte ihn 28 Jahre und während der ganzen Zeit kam nie die geringste Differenz zwischen uns beiden vor. Seine gutmütigen Gesichtszüge hat mein Sohn Viktor in einem Bilde verewigt.

Am 8. März (?) ist mein Schwager Franz Willner, nach einem schweren Leiden, verschieden. Er hinterließ eine Witwe mit 6 Kindern, welche ihn an der Bahre beweinten.

Am 22. April 1887 starb mein Schwager Sebastian Kottner, k. k. Ingenieur in Pension, nach einem schweren Leiden, im 77. Jahre. Er hinterließ eine trauernde Witwe mit einem Sohn, welcher seiner Mutter im Alter als Stütze dienen wird, falls sie es benötigen sollte.

Am 30. April desselben Jahres starb mein Schwager Dr. Anton Willner, Hof- und Gerichtsadvokat in Wien, nach einem kurzen Leiden, im 60. Jahre. Den Tod dieses edlen Mannes beweinten nicht nur seine Gattin mit ihren 3 Kindern, sondern alle Verwandten und Bekannten, welche ihn während seiner langjährigen Tätigkeit kannten. Er war ein guter Gatte und Vater, ein großer Gönner seiner Geschwister und Collegen und ein Wohltäter vieler Armen. Wir beide standen uns während unserer 42jährigen Bekanntschaft immer auf dem besten Fuße gegenüber. Ich ehrte und achtete ihn außerordentlich, ohne jemals einen materiellen Nutzen von ihm gehabt zu haben. Indirekt aber bin ich ihm wegen den Salgo Taryaner-Kohlen-Actien, bei welcher Gesellschaft er anfangs Verwaltungsrat und später Vicepräsident war, zum Danke verpflichtet, da ich durch dieselben meine pekuniäre Lage bedeutend verbessert habe.

Er sagte mir öfter: „Stauffer, wenn Du ein Geld hast, so kaufe Dir diese Kohlen-Actien, die werden gut werden." Ich folgte diesem Rat und kaufte zu drei, fünf, zehn... Stücken, je nachdem dies meine Kasse erlaubte. Einmal sagte er: „Wenn sie auf 140/gw. Stk. gehen, so werden wir verkaufen." Sie gingen so hoch und noch darüber und wir verkauften nicht. Als er später zum Vicepräsidenten gewählt wurde, wozu ich ihm auch meine Stimme und für alle anderen Wahlen gab, sprach er nicht mehr von dem Verkaufe der Actien, sondern sagte öfter: „Diese Actien werden einmal einen großen Curs erreichen, da unsere angestellten Bohrungen mächtiger, tiefer liegender Flötze constatieren." Durch solche Bemerkungen und durch meine unmaßgebliche Ansicht, daß bei dem industriellen Aufschwung in Ungarn der Brennstoff gesucht werden dürfte, bekam ich den Mut, trotz vieler und gegenartiger Einflüsterungen, dieselben zu behalten und sie nicht zu verkaufen, als sie schon einen bedeutend hohen Curs erreicht hatten.

Auch Nachrichten von einem meiner Mitcollegen aus dem Hause Sina, welcher durch meine Vermittlung zur priv. österr. ung. Staatsbahn kam, und seit vielen Jahren die Stelle eines Ober-Ingenieurs in Pest-Ofen bekleidete, bekam ich öfter über den Stand dieses Unternehmens solche befriedigende Nachrichten, daß ich in meinem Vorhaben, dieselben noch nicht zu verkaufen, um desto mehr bestärkt wurde.

Am 17. Februar 1888 schrieb er mir Folgendes: „Ich komme mit meinem Freunde, Herrn Inspector Löder, von der S.T. Rimanner- Eisengewerkschaft, öfter zusammen, welcher mir über Ihre Actien folgendes sagte: ‚Ich weiß am hiesigen Platze kein besseres Industriepapier, als dieses; hätte ich ein disponiebles Geld, so würde ich nur solche Actien, trotz des hohen Agios kaufen.' Das Unternehmen ist in sehr reellen geschäftskundigen Händen, der Absatz steigert sich von Jahr zu Jahr. Im abgelaufenen Jahr wurde wieder ein Schacht eröffnet und vollständig mit allem Inventar ausgestattet, der aus dem Betriebsfond hergestellt wurde. Es ist auch ein bedeutender Reservefond vorhanden. Das bekannte hiesige Geschäftshaus Deusek soll den größten Teil ihrer disponieblen, Gelder in diesen Actien fundiert haben. Das Unternehmen steht unter der Leitung des sehr tüchtigen Generaldirektors Feldmann und wird von diesem sehr gut geleitet, da er selbst 1.500 Stücke besitzen soll. Ein Freund von mir, welcher Verwaltungsrat dieses Unternehmens ist, besitzt 2.000 Stück und hütet sie sorgsam in seiner Kasse. Die Actien sind größtenteils in festen Händen, daher der Umsatz an der Börse unbedeutend ist. Dieser Verwaltungsrat versprach mir alle wichtigen Ereignisse bezüglich des Unternehmens mitzuteilen und rät Ihnen an, Stauffer, Ihre Actien ganz unbesorgt in der Cassa aufzubewahren und Ihren Angehörigen anzuempfehlen, dies ebenso zu machen, wenn sie dereinst nicht mehr sein sollten, da diese Actien immer mehr steigen und so hoch stehen werden, wie diejenigen des böhmischen Braunkohlenbeckens."

Obwohl ich gut weiß, daß diese Leute auch Menschen von Fleisch und Blut sind und in die Geheimnisse der Natur nicht hineinsehen können; und da ich mit dem Glück nicht Hasard spielen will, so werde ich doch dem guten Rate dieses vorne genannten Gewährsmannes untreu werden und meine Salgo zum Verkauf bringen. Ich werde einen Curs limitieren und sollte derselbe erreicht sein, so schlage ich los und stecke den schönen Gewinn ein und kaufe Papiere, welche mich ruhiger schlafen lassen, als diese, welche heute einen so hohen Curs erreicht haben, daß sie kaum 3% Zinsen tragen und welche durch verschiedene Conjuncturen ihren hohen Cursstand wieder einbüssen könnten.

Am 10. September 1834 starb mein Großvater Franz Stauffer im Alter von 90 Jahren in Fels bei seiner Tochter, Bäckermeisterin Damm.

Am 25. November 1885 ist König Alfons XII von Spanien in seinem Schlosse Prado gestorben. Er hinterließ einen Sohn und eine Witwe, die Erzherzogin von Österreich.

Am 19. Februar 1886 hat sich der Maler Josef Aigner in seiner Villa in Pötzleinsdorf das Leben genommen. Er war Lehrer meines Sohnes Viktor und Gemeinderath in Wien.

Am 19. Februar 1886 starb Fürst Gregor Ypsilanti, Schwiegersohn des verstorbenen Baron Sina, in Paris bei seiner Schwester. Er wurde nach Wien überführt und in Rappoltenkirchen, N.Ö., in der Baron Sina'schen Gruft beigesetzt. Von einer Witwe und vier Kindern wird er beweint.

Am 26. Oktober 1886 starb der k. k. Hofrat Dr. Theodor von Oppolzer, als Dr. der Medizin und berühmter Astronom. Sein Leichnam ruht in den Arcaden-Grüften am Wiener Zentralfriedhof. Er war Schwager des Dr. Willner. Bei dessen Leiche beobachtete ich den Letzteren, wie dieser so bitterlich geweint hat. Sollte er vielleicht auch schon eine Ahnung über seinen baldigen Tod gehabt haben!

Am 14. Jänner 1887 starb der berühmte Maler Amerling in seinem 84. Jahre, in seinem Schlößl bei der Hundsthurmer-Linie, bei Wien. Derselbe testierte seine sämtlichen Kunstschätze der Gemeinde Wien, unter der Bedingung, daß dieselben im neuen Rathause in einem Saal für immer aufbewahrt werden und das Publicum freien Zutritt haben soll. Außerdem wären seinen Erben Gulden 200.000,- Legate auszubezahlen. Dieses Vermächtnis wurde von der Commune nicht angenommen, wonach das Testament im Wasser zerfloß.

Am 30. Jänner 1888 starb der Ob.Leutnant Max Strašiřipka, Bruder des Malers Canon, nach schmerzhafter Krankheit, im 53. Jahre. Er war auch der Bruder der Frau meines Sohnes Viktor.

Am 9. März 1888 starb Kaiser Wilhelm I. von Deutschland, im 91. Jahre seines Alters in Berlin. Die Geschichte dieses größten Helden der Neuzeit ist bekannt. Er wurde am 16. März desselben Jahres in Charlottenburg an der Seite seiner Eltern, wo auch Friedrich der Große ruht, beigesetzt.

Am 15. Juni 1888 starb Kaiser Friedrich der III, Sohn des vorhergehenden Kaisers, im Schloße Friedrichskron, im 57. Jahre. Er hinterließ eine trauernde Witwe mit zwei Söhnen und drei Töchtern. Dieser freisinnige deutsche Mann war ein großer Held, aber auch ein großer Dulder während seiner schmerzhaften, langwierigen Krankheit. Er war ein großer Freund der Wissenschaft und des großen Fortschrittes, daher von allen Menschen, welche seine Gesinnungen haben, für immer bedauert werden wird.

Mit diesen Worten enden die Aufzeichnungen unseres Vorfahren Josef Stauffer. Er starb am 13. Oktober 1894 in seinem Sommerhaus in Wien-Pötzleinsdorf und wurde am Pötzleinsdorfer Friedhof beerdigt. Hier ruht er mit seiner Gattin, seinen vier Kindern, seinen Schwiegerkindern und drei seiner vier Enkelkinder
Margarethe Kränzl
Landesgerichtsrat Othmar Beck
Dipl.Ing. Friedrich Beck

Da den Nachfahren die Kurrentschrift, in der das Original verfaßt ist, nicht geläufig ist, übertrug seine Urenkelin Elfriede Hönigschmid, geb. Beck, die Lebenserinnerungen unseres gemeinsamen Ahnen in Maschinschrift.
Wien, im Dezember 1989

Johanna Ecker
Die Familie Sina in Wien
Der Stammvater Georg Sina

Der Kaufmann Georg Sina, der bereits um die Mitte des 18. Jahrhunderts Handelskontakte nach Wien unterhielt und regelmäßig vom Balkan dorthin reiste, wird als Stammvater der Familie angesehen.[50] Die Sina kamen ursprünglich aus Moschopolis, dem heute entlegenen Dorf Voskopojë in Südost-Albanien, das damals aber eine blühende Stadt unter osmanischer Herrschaft war. Am Schnittpunkt mehrerer wichtiger Handelswege gelegen, hatte sich Moschopolis rasch zu einem bedeutenden wirtschaftlichen und kulturellen Zentrum mit zahlreichen Kirchen, Bibliotheken und sogar einer eigenen Buchdruckerei entwickelt. Die Stadt galt als Hochburg der Aromunen[51], einer auf dem südlichen Balkan im Gebiet des heutigen Griechenland, Mazedonien, Albanien, Serbien, Bulgarien und Rumänien lebenden ethnischen Gruppe, die nicht slawisiert wurde und der romanischen Sprachfamilie sowie der orthodoxen Kirche angehört. Traditionell waren Aromunen beruflich als Kaufleute, Karawanenführer oder Wanderhandwerker tätig. Im urbanen Bereich etablierte sich binnen kurzer Zeit eine (einfluss-)reiche Schicht, die das Bankgeschäft und den Fernhandel mit Orientwaren (wie etwa Baumwolle, Knoppern und andere Gerbstoffe, Farbstoffe, Südfrüchte, Reis,
Kaffee, Felle, Rauwaren und Leder) dominierte, intensive Geschäftsbeziehungen mit Venedig, Konstantinopel, Budapest und Wien pflegte und schon bald an strategisch günstigen Orten Niederlagen gründete.

So bemerkenswert wie der rasante Aufstieg war auch der jähe Fall von Moschopolis. Nach dem Frieden von Belgrad (1739) wurden die Handelswege allmählich von der Adria auf das Festland verlegt und führten nun über Mazedonien, Saloniki, Serbien, die Donaufürstentümer, Ungarn und Wien. In der Folge verließen viele Kaufleute Moschopolis, um sich in den Zentren der Absatzmärkte, vor allem in Budapest und Wien niederzulassen. Auch drohende Überfälle umherziehender Banden, die angelockt vom beträchtlichen Wohlstand von Moschopolis immer wieder die Gegend unsicher machten, waren ein wirtschaftliches Risiko, das den Standort in Frage stellte. Im September 1769 flohen jeden-

---

[50] s. Laios.
[51] Der Name Aromunen geht auf den deutschen Romanisten Gustav Weigand (1.2.1860 Duisburg – 8.7.1930 Belgershain) zurück und ist angelehnt an die Selbstbezeichnung „armâni". Gebräuchlich waren auch die Bezeichnungen Zinzaren (serbisch), Vlachen oder Kutzowalachen (griechisch).

falls alle Moschopoliten aus der Stadt, die kurz darauf geplündert und gebrandschatzt wurde.[52]

Aus dieser frühen Zeit der Familiengeschichte ist wenig gesichertes Wissen vorhanden. Dokumente, welche die genaue Genealogie belegen könnten, fehlen völlig. Auffallend bei der Namensgebung der Sina ist das bei Orthodoxen generell gebräuchliche Patronymikon: alle Söhne trugen als zweiten Vornamen den Vornamen des Vaters und die Erstgeborenen als ersten Vornamen den Vornamen des Großvaters väterlicherseits. Georg Sinas Sohn Simon Georg[53] wurde 1753 wahrscheinlich noch in Moschopolis geboren, doch nicht lange danach dürfte die Familie die Stadt in Richtung Norden verlassen und sich schließlich in Niš (heute Serbien) niedergelassen haben. Von dort aus führte Georg Sina den Baumwollhandel sowie das Wechselgeschäft fort und lebte vermutlich bis zu seinem Tod in Niš.[54]

Simon Georg Sina (der Ältere)

Im Geschäft des Vaters mochte Simon Georg Sina (der Ältere) auch die solide und umfassende Ausbildung in Warenkunde, Geld- und Kreditwesen erhalten haben, die ihm zu seinen späteren wirtschaftlichen Erfolgen verhalf. 1782 heiratete er in Niš Irene Czippe[55], im folgenden Jahr kam sein älterer Sohn Georg Simon[56] zur Welt. Nach dem frühen Tod seiner Frau entschloss sich Simon Georg (der Ältere), mit dem 10-jährigen Kind nach Wien zu gehen, wohin er und sein Vater bereits seit Jahrzehnten Handelsbeziehungen unterhielten.

Zu der in Wien damals schon eingesessenen griechischen Händlerkolonie kam ab dem letzten Drittel des 18. Jahrhunderts eine große Zahl geflüchteter Aromunen dazu.[57] Alle diese Kaufleute blieben zunächst osmanische Untertanen und wurden von den Wienern ohne Unterschied der genauen Herkunft „Griechen" oder auch „Türken" genannt. Im ethnischen Sinn bildeten sie zwar keine Einheit, doch die Zugehörigkeit zur orthodoxen Kirche und die Verbundenheit mit

---

[52] Für diese und weitere Zerstörungen im Jahr 1788 wurde Ali Pascha von Janina (1741 in einem Dorf bei Tepeleni [heute Albanien] – 5.2.1822 bei Janina [heute Griechenland]) verantwortlich gemacht (s. Peyfuss). Der osmanische Provinzgouverneur, dessen Machtbereich ganz Südalbanien, Thessalien, Epirus und Südwest-Mazedonien umfasste, herrschte faktisch wie ein souveräner Fürst und verfügte über eine eigene Armee. Zwar waren seine Beziehungen zur osmanischen Regierung stets gespannt, doch ließ ihn Konstantinopel die längste Zeit gewähren. Wegen seiner Unterstützung der griechischen Unabhängigkeitsbewegung wurde er 1820 von Sultan Mahmud II. als Rebell geächtet und schließlich 1822 – vermutlich im Auftrag der Pforte – ermordet. Seine Biographie lieferte Albert Lortzing den Stoff für seine erste Oper „Ali Pascha von Janina" (1824).
[53] Simon Georg von Sina zu Hodos und Kizdia (1753 Moskopolis – 3.8.1822 Wien).
[54] s. Laios.
[55] Irene Sina, geb. Czippe (1767 – 1793 Niš).
[56] Georg Simon Freiherr von Sina zu Hodos und Kizdia (20.11.1783 Niš – 18.5.1856 Wien).
[57] Unter ihnen befanden sich neben den Sina beispielsweise auch die Gyra und Dumba.

dem griechischen Kulturkreis war ihnen gemein, nicht zuletzt weil von allen das Griechische, die lingua franca des Balkanhandels, gesprochen wurde. Von der Wiener Griechengemeinde gingen später wichtige intellektuelle und finanzielle Impulse für die griechische Befreiungsbewegung aus.[58] Die „Griechen" lebten in Quartieren im nordöstlichen Viertel der Inneren Stadt zwischen Wollzeile und Donaukanal. Ihre Packhöfe und Lagerplätze, die mitten in Wien wie orientalische Karawansereien anmuteten, befanden sich in der Vorstadt Landstrasse. Vor diesem Hintergrund fällt einem der dem Fürsten Metternich zugeschriebene Ausspruch ein: der Balkan beginnt gleich hinter dem Rennweg.

Simon Georg Sina (der Ältere) trat in Wien zunächst als Teilhaber an anderen Handelsgesellschaften auf, bis er 1798 ein eigenes Großhandlungs- und Bankhaus gründete. Damit legte er den Grundstein für den Aufstieg und Wohlstand der Familie. Er importierte in erster Linie Baumwolle aus Mazedonien und exportierte Tuch-, Metall- und Glaswaren sowie Maria-Theresien-Taler in das Osmanische Reich. Er gründete eine Niederlage in Bosna Serai (heute Sarajevo) und brachte es binnen weniger Jahre zu großem Reichtum. 1802 schloss er in Wien eine zweite Ehe mit Katharina de Gyra[59]. Aus dieser Verbindung ging der Anfang 1804 geborene jüngere Sohn Johann Simon[60] hervor. 1808 kaufte er – wahrscheinlich über einen bereits eingebürgerten Verwandten seiner Frau als Strohmann – ein Haus am Hohen Markt, denn er selbst konnte als türkischer Untertan zunächst keine Liegenschaften erwerben. Durch den Ankauf der Herrschaften Hodos und Kizdia im Temeser Banat wurden Simon Georg Sina (der Ältere) und seine beiden Söhne 1818 in den ungarischen Adelstand erhoben. Damit hatten sie fortan die Möglichkeit, in Ungarn weitere Herrschaften, meist aus adeligem Besitz, aufzukaufen. Nachdem die Sina keine Juden waren, durften sie – im Gegensatz zu ihren großen Konkurrenten Rothschild, Arnstein und Eskeles – Grund erwerben, was ihnen einige Jahrzehnte lang einen enormen Wettbewerbsvorteil verschaffte. Simon Georg Sina (der Ältere) starb 1822 mit 69 Jahren „*an einer Übersetzung des Giftstoffes an das Gehirn*".[61]

Georg Simon und Johann Simon Sina

Seine beiden Söhne führten sein Lebenswerk fort. Der jüngere, Johann Simon, versuchte sich als Unternehmer, hatte dabei allerdings wenig Fortune. Die von ihm in den 1840er Jahren gegründete größte Zuckerrübenfabrik Ungarns musste den Betrieb 1866 wegen hoher Verluste wieder einstellen, und weil auch eine weitere Fabrik in Mähren keine Gewinne abwarf, wurde er in Wien scherzhaft „der arme Sina" genannt. Nach dem Tod seines älteren Halbbruders wurde ihm

---

[58] s. auch Gauß, der darauf hinweist, dass der Beitrag der Aromunen für sämtliche politischen Emanzipationsbewegungen am Balkan nicht hoch genug eingeschätzt werden kann.
[59] Katharina von Sina zu Hodos und Kizdia, geb. de Gyra (1777 – 1.5.1843 Wien).
[60] Johann Simon Freiherr von Sina zu Hodos und Kizdia (19.1.1804 Wien – 4.5.1869 Wien).
[61] Totenprotokoll Nr. 151/1822 Lit. J - Z, fol. 67 v. Archiv der Stadt Wien.

1856 die Leitung des Großhandlungs- und Bankhauses Simon G. Sina übertragen, er war Direktor der Nationalbank und der Staatseisenbahn sowie Präsident der Donau-Dampfschifffahrtsgesellschaft. Zwar stand Johann Simon immer im Schatten des genialen Georg Simon, doch war auch er im Wirtschafts- und Gesellschaftsleben Wiens eine hochgeachtete Persönlichkeit. Im Alter von 65 Jahren erlag er einem Schlaganfall, seine 1833 geschlossene Ehe mit Marie von Nicarussi[62] blieb kinderlos.

Georg Simon Sina (der „große" oder auch der „reiche Sina" genannt) war einer der einflussreichsten Finanzmänner und Großgrundbesitzer der Monarchie. Ab 1803 führte er die Firma gemeinsam mit seinem Vater. Am 11.5.1809 heiratete er Katharina Derra de Moroda[63], im Mai 1810 wurde der Sohn Simon Georg[64] in Wien geboren. Während sein Vater bis zu seiner Nobilitierung im Jahr 1818 osmanischer Untertan blieb, wurde Georg Simon Sina bereits 1811 österreichischer Staatsbürger und gründete eine eigene Großhandelsfirma. Durch diese zweigleisige Strategie konnten Vater und Sohn Sina die jeweiligen Handelsprivilegien für „türkische" und österreichische Kaufleute voll ausschöpfen. Zur ehrenden Erinnerung an seinen verstorbenen Vater führte Georg Simon die eigene Firma nach 1822 unter dem Namen „Simon Georg Sina" weiter. 1814 kaufte er neben dem bereits vorhandenen Haus am Hohen Markt ein weiteres Objekt an der Ecke Hoher Markt/Judengasse.[65] Dort entstand in den nächsten Jahrzehnten die zentrale Schaltstelle des rasch wachsenden Wirtschaftsimperiums der Familie.

Georg Simon Sina hatte das kaufmännische Talent seines Vaters geerbt, übertraf diesen aber noch bei Weitem. Seine Geschäftskontakte reichten von London, Paris und Rom über Odessa und Konstantinopel bis nach Alexandria, Kairo und Indien. Der Handel mit Baumwolle aus Mazedonien bildete lange Zeit die wirtschaftliche Grundlage der Firma. Nachdem aber zunehmend amerikanische Baumwolle nach Europa importiert wurde, verlor diese Sparte allmählich an Bedeutung und Georg Simon Sina musste neue Geschäftsfelder erschließen. Es gelang ihm, in den Tabakhandel einzusteigen, der sich, vor allem bis zur Einführung des Tabakmonopols in Ungarn im Jahr 1851, als besonders einträglich erwies.
Außerdem betätigte sich das Handelshaus Simon G. Sina noch im Woll-, Holz-, Steinkohlen- und Salzhandel.

---

[62] Marie Freifrau von Sina zu Hodos und Kizdia, geb. von Nicarussi (6.4.1818 – 13.1.1906 Klagenfurt).
[63] Katharina Freifrau von Sina zu Hodos und Kizdia, geb. Derra de Moroda (24.7.1792 Pest – 10.7.1851 Rappoltenkirchen).
[64] Simon Georg Freiherr von Sina zu Hodos und Kizdia (15.8.1810 Wien – 15.4.1876 Wien).
[65] Dieses Gebäude war bis zu deren Liquidierung der Sitz der Schwarzenberg-Bank gewesen (s. Matis).

Neben Rothschild, Arnstein & Eskeles und Geymüller zählte Georg Simon Sina auch zu den größten Bankiers von Wien. Seine Blütezeit erlebte das Bankhaus Simon G. Sina im Vormärz. Bis 1848 kamen die Einkünfte in erster Linie aus Staatsanleihen. Durch geschickte Kreditvergaben an die Gemeinde Wien (z.b. für den Bau einer Wasserleitung oder für größere Lebensmittelankäufe in Notzeiten) und an Private (vor allem ungarische Adelige) und durch den Handel mit Wertpapieren, Wechseln und Schuldscheinen konnten ungeheure Gewinne gemacht werden. Georg Simon Sina war aber nicht nur Chef des eigenen Bankhauses, sondern auch Direktor (1825-1849) und später Vize-Gouverneur der Nationalbank (1849-1856).

Investitionen in industrielle Unternehmungen spielten im Portfolio Georg Simon Sinas eine untergeordnete Rolle, doch war er Aktionär der Pottendorfer Spinnerei und der Klein-Neusiedler Papierfabrik. Demgegenüber war Sina an den relevanten Verkehrs- und Infrastrukturprojekten seiner Zeit maßgeblich beteiligt, etwa an der ersten Pferdeeisenbahn Ungarns, der Staatseisenbahn-Gesellschaft, dem Bau der Eisenbahnlinien Wien–Raab und Wien–Gloggnitz (Vorläuferin der Südbahn), der Verbreiterung des Wiener Neustädter Kanals oder der Gründung der Donau-Dampfschifffahrtsgesellschaft. Besonderen Stellenwert hatte die Errichtung der Kettenbrücke zwischen Buda und Pest, die vom ungarischen Staatsreformer Stephan Graf Széchényi[66] angeregt und von Georg Simon Sina finanziert wurde. Beide Männer wollten sich mit diesem Prestigeprojekt ein Denkmal setzen, und ihre diesbezügliche Korrespondenz spiegelt zwei vollkommen unterschiedliche Charaktere wider, deren Verhältnis zwischen Wertschätzung und Verachtung, Freundschaft und Rivalität oszillierte.[67]

Da das erwirtschaftete Kapital insbesondere in Immobilien angelegt wurde, war Georg Simon Sina um die Mitte des 19. Jahrhunderts der größte Grundbesitzer Ungarns. Der dortige Adel goutierte das ganz und gar nicht, musste sich aber der Macht des Geldes beugen. Auch in den anderen Kronländern erwarb Georg Simon Sina ausgedehnte Besitzungen, einige davon (z.B. Mauerbach bei Wien oder Wellehrad in Mähren) aus dem Religionsfonds. Die meisten Grundankäufe erfolgten zwischen 1834 und 1840. Zur Administrierung aller Instandhaltungs- und Umbaumaßnahmen bei den zahlreichen Stadthäusern in Wien, Budapest, Pressburg, Arad und Szegedin sowie den rund 40 Herrschaften in allen Teilen der Monarchie richtete Georg Simon Sina im Wiener Stammhaus am Hohen Markt eine eigene Baukanzlei ein. Dort war ab 1845 der Architekt und Bauingenieur Josef Stauffer[68] beschäftigt, von 1850 bis zu seiner Pensionierung 1887 in leitender Funktion.

---

[66] Stephan Graf Széchényi (21.9.1791 Wien – 8.4.1860 Wien-Döbling).
[67] s. Deák, Lanier.
[68] Josef Stauffer (19.3.1817 Groß-Weikersdorf – 13.10.1894 Wien-Pötzleinsdorf).

1814 kaufte Georg Simon Sina das Landgut Rappoltenkirchen im Tullnerfeld. In idyllischer Umgebung gelegen und doch relativ schnell von Wien erreichbar, wurde es zum bevorzugten Landsitz der Familie. Das Schloss war von einem weitläufigen, kunstvoll angelegten Landschaftsgarten umgeben. Auf einer Anhöhe gegenüber dem Schloss ließ Georg Simon Sina 1854 die Gruftkapelle der Familie Sina errichten. Die Gebeine seines Vaters und seiner Stiefmutter, die auf dem Friedhof von Rappoltenkirchen bestattet worden waren, wurden exhumiert und in das neue Mausoleum überführt.[69]

Für ihre Verdienste um die Sicherung des Levantehandels über österreichisches Territorium während der napoleonischen Kriege und auf Grund wohltätiger Spenden wurden Georg Simon und Johann Simon von Sina 1832 in den österreichischen Freiherrenstand erhoben. Mag Georg Simon Sina auch nicht so spendabel gewesen sein wie später sein Sohn Simon Georg, so sah er doch, wo Hilfe nottat und gab dann großzügig. So ließ er etwa auf seiner Herrschaft Rappoltenkirchen während einer Cholera-Epidemie zwei Spitäler errichten, unterstützte die Bevölkerung nach Missernten mit Getreide und Geldvorschüssen, ließ auf eigene Kosten Sümpfe trockenlegen und bessere Straßen anlegen. Auch Wissenschafts- und Bildungseinrichtungen flossen Spenden zu: er ließ in Athen eine Sternwarte (Architekt: Theophil Hansen) und in Budapest das Gebäude der Akademie der Wissenschaften errichten, überließ der Technischen Hochschule in Wien ein Stiftungskapital von 20.000 Gulden sowie den Baugrund zur Errichtung des polytechnischen Instituts zu besonders günstigen Konditionen und stiftete in Moschopolis eine Volksschule.

Georg Simon Sina war königlich griechischer General-Konsul in Wien, Ehrenbürger der königlichen Freistädte Ofen, Szegedin und Arad, erster Deputierter des k.k. Großhandelsgremiums, Präsident der k. k. Staats-Eisenbahn-Gesellschaft und der Ofen–Pester Kettenbrücken-Gesellschaft sowie Träger zahlreicher Orden und Auszeichnungen. Der bis ins Alter bewiesene unermüdliche Unternehmergeist und das riesige Vermögen des *„merkwürdigen Geldmannes"*[70] waren legendär. Am 18. Mai 1856 erlag er einem langjährigen Nierenleiden und wurde in der Familiengruft zu Rappoltenkirchen beigesetzt.

Simon Georg Sina

Hatte „der große Sina" zeitlebens nur für das Geschäft und die Vermehrung seines Kapitals gelebt, so verband sein Sohn Simon Georg den Reichtum und wirtschaftspolitischen Einfluss noch mit Kunstsinn, Wohltätigkeit und Mäzenatentum. Nach Studien der Philosophie, Geschichte und Nationalökonomie an der Universität Wien und einer anschließenden Bildungsreise durch Europa, heirate-

---

[69] s. Rabl.
[70] Wurzbach.

te er am 10.1.1835 in Wien Iphigenie Gyika de Desánfálva[71]. Sie stammte aus einer vornehmen mazedonischen Kaufmannsfamilie[72], die in Ungarn ansässig war. Die beiden hatten sechs Kinder. Der einzige Sohn Georg Simon starb bereits im Kindesalter an den Fraisen[73], die älteste Tochter Katharina (Tinka), Lieblingsenkelin von Georg Simon Sina, starb mit 18 Jahren an Tuberkulose[74]. Die anderen vier Töchter Anastasia[75], Irene[76], Helene[77] und Iphigenie[78] zählten zu den besten Partien Europas und heirateten in den österreichischen, griechischen und französischen Adel ein. Es traf wohl zu, dass sie dadurch das Familienwappen der Sina „*umgeben haben mit Fürstenkrone und Herzogsmantel*", wie es später in einem blumigen Nachruf auf Simon Georg Sina hieß.[79] Doch die Verbindungen brachten den vom Schicksal scheinbar so begünstigten Mädchen wenig persönliches Glück, und überdies vermochte keiner der Schwiegersöhne auch nur ansatzweise an die wirtschaftlichen Erfolge der Sina anzuschließen. Im Gegenteil: binnen weniger Jahre war das immense Vermögen fast vollständig aufgezehrt.

Anastasia Sina, die nach dem Tod ihres Großvaters ein Stadthaus am Lugeck in Wien (den großen Federlhof) und die Herrschaft Fahrafeld im niederösterreichischen Triestingtal geerbt hatte, heiratete 1860 in Vevey am Genfer See den Korvettenkapitän, späteren k. k. Hofrat und Generalinspektor der österreichischen Telegraphen Victor Grafen von Wimpffen[80]. Die beiden hatten drei Kinder: die Tochter Hedwig[81] sowie die Söhne Siegfried[82] und Simon[83]. Die Ehe mit dem kunstsinnigen und weitgereisten, auf großem Fuße lebenden Mann war sehr unglücklich und wurde 1880 geschieden. Danach lebte Anastasia im Schloss Fah-

---

[71] Iphigenie Freifrau von Sina zu Hodos und Kizdia, geb. Gyika de Desánfálva (20.7.1815 – 21.12.1884 Wien).
[72] s. Sturdza.
[73] Georg Simon Freiherr von Sina zu Hodos und Kizdia (1837 Wien – 8.3.1838 Wien).
[74] Katharina Freiin von Sina zu Hodos und Kizdia (1835 Wien – 13.3.1854 Wien-Penzing).
[75] Anastasia Gräfin von Wimpffen, geb. Freiin von Sina zu Hodos und Kizdia (8.10.1838 Wien – 24.2.1889 Wien).
[76] Irene Fürstin Maurocordato, geb. Freiin von Sina zu Hodos und Kizdia (4.8.1840 Wien – 17.10.1881 Mauerbach).
[77] Helene Fürstin Ypsilanti, geb. Freiin von Sina zu Hodos und Kizdia (12.3.1845 Wien – 16.10.1893 Wien).
[78] Iphigenie Vicomtesse d'Harcourt, verw. Duchesse de Castries, geb. Freiin von Sina zu Hodos und Kizdia (1.7.1846 Wien – 27.7.1914 Paris).
[79] Wiener Salonblatt Nr. 17, 22.4.1876.
[80] Victor Ägidius Graf von Wimpffen (24.7.1834 Wien-Hietzing – 22.5.1897 Battaglia).
[81] Hedwig Gräfin Zichy de Zich et Vásonkeö, geb. Gräfin von Wimpffen (4.8.1861 Wien – 30.11.1892 Wien-Penzing).
[82] Siegfried Graf von Wimpffen (6.9.1865 Wien – 26.11.1929 Ercsi).
[83] Simon Graf von Wimpffen (21.8.1867 Wien – 11.4.1925 Wien).

rafeld sowie im Wiener Palais Sina am Hohen Markt. Dort starb sie 1889 im 51. Lebensjahr an einer Atemwegserkrankung.

Irene Sina, die nach dem Tod des Großvaters ein Stadthaus in der Wollzeile in Wien und die Herrschaft Mauerbach bei Wien geerbt hatte, heiratete 1864 in Paris den königlich griechischen Gesandten und bevollmächtigten Minister in Rom Fürst Georg Maurocordato[84]. Die Ehe blieb kinderlos. Die Fürstin galt als besonders mildtätig und freigiebig, führte aber in ihrem Schloss Mauerbach ein eher zurückgezogenes Leben. Sie starb mit nur 40 Jahren. Georg Maurocordato nutzte das Millionenerbe unter anderem dazu, archäologische und historische Forschungsprojekte in Griechenland zu sponsern.[85]

Helene Sina hatte nach ihres Großvaters Tod ein Stadthaus am Fleischmarkt in Wien sowie die Herrschaft Eichhorn in Mähren geerbt. 1862 heiratete sie in Wien den Fürsten Gregor Ypsilanti[86], einen Neffen des griechischen Freiheitshelden Alexander Ypsilanti. Der Ehe entstammten vier Kinder, die Söhne Emanuel[87] und Theodor[88] sowie die Töchter Chariklée[89] und Iphigenie[90]. Gregor Ypsilanti war königlich griechischer Gesandter und bevollmächtigter Minister in Wien, Berlin und Paris, wurde aber 1880 aus dem diplomatischen Dienst abgezogen. Der verschwenderische Lebensstil des Fürstenpaares und die Spielleidenschaft Gregor Ypsilantis führten dazu, dass der Großteil des enormen Vermögens seiner Frau schon bald durchgebracht war und der Grundbesitz verkauft werden musste.[91] Gregor starb 1886 in Paris, Helene 1893 in Wien.

Iphigenie Sina, die aus dem großväterlichen Erbe zwei Stadthäuser in der Wiener Innenstadt sowie die Herrschaft Wellehrad in Mähren erhalten hatte, heiratete 1864 in Paris in erster Ehe Edmond Duc de Castries[92]. Der Herzog, ein notorischer Lebemann und Spieler, verschleuderte das Vermögen seiner Frau in den Casinos mondäner Kurorte und auf Rennbahnen und starb völlig verbraucht mit nicht einmal 50 Jahren.[93] In zweiter Ehe heiratete Iphigenie 1887 in Paris den Vicomte Emanuel d'Harcourt[94], der im diplomatischen Dienst tätig war. Beide Ehen Iphigenies blieben kinderlos. Sie starb 1914 in Paris.

---

[84] Georg Fürst Maurocordato (23.4.1839 – 8.1.1902 Paris).
[85] s. Sturdza.
[86] Gregor Fürst Ypsilanti (17.9.1835 Wien – 19.2.1886 Paris).
[87] Emanuel Fürst Ypsilanti (30.4.1877 Paris – 17.12.1940 Wien).
[88] Theodor Prinz Ypsilanti (10.11.1881 Wien – 14.02.1943 Athen).
[89] Chariklée Pinzessin zu Hohenlohe-Schillingsfürst, geb. Prinzessin Ypsilanti (8.10.1863 Paris – 22.6.1912 Schillingsfürst).
[90] Iphigenie Gräfin zu Pappenheim, geb. Prinzessin Ypsilanti (30.6.1869 Paris – 27.7.1943 München).
[91] s. Sturdza.
[92] Edmond Duc de Castries (16.4.1838 – 16.4.1886).
[93] s. Sturdza.
[94] Emanuel Vicomte d'Harcourt (23.6.1844 – 18.9.1928).

Schon im Jahr seiner Vermählung war Simon Georg Sina von seinem Vater zum Firmenteilhaber gemacht worden. Doch die Geschäftsführung lag ihm nicht, er ging stattdessen lieber anderen Interessen nach. So betrieb er beispielsweise den Ausbau des Heilbades Trentschin-Teplitz (heute Slowakei) zu einem eleganten Badeort mit Nobelhotels, Wandelhalle, Kurpark und Arena oder ließ für das Wiener Publikum im Bereich Ungargasse/Beatrixgasse eine Reitschule samt Stall, Wagenremise und angeschlossenem Restaurant errichten. Nach seines Vaters Tod betraute der Alleinerbe zunächst seinen Onkel Johann Simon mit der Leitung des Großhandlungs- und Bankhauses, bis er in späteren Jahren für einige Zeit doch selbst Chef des familieneigenen Unternehmens wurde. Anders als der „große Sina", der regelmäßige Inspektionsreisen unternommen und sich persönlich von der ordnungsgemäßen Bewirtschaftung seiner Domänen überzeugt hatte, übertrug Simon Georg Sina die Administration des beträchtlichen Grundbesitzes einem riesigen Stab von land- und forstwirtschaftlichen Angestellten, Verwaltern und Inspektoren.

Im Gegensatz zu seinem Vater, dessen bis an die Grenze zum Geiz gehende Sparsamkeit sprichwörtlich war, trat Simon Georg Sina als außerordentlich großzügiger Wohltäter in Erscheinung und unterstützte diverse soziale Einrichtungen wie z.B. Armen- und Waisenhäuser mit namhaften Geldbeträgen. Vor allem aber gab er sich als kunstsinniger und freigiebiger Mäzen der Wissenschaft und Kunst und war Gründungsmitglied mehrerer Wiener Kulturinstitutionen, darunter das k.k. österreichische Museum für Kunst und Industrie, das Künstlerhaus und der Musikverein. Zur Förderung junger Künstler beauftragte er diese mit der Ausstattung seiner repräsentativen Wohnsitze in Wien, Rappoltenkirchen und Venedig. Dort hatte er 1857 den Palazzo Grassi gekauft, den er zu seinem privaten Gebrauch von den Architekten Franz Jakob Kreuter[95] und Theophil Hansen[96] sehr weit reichend umbauen ließ. Die italienische Öffentlichkeit reagierte empört darauf, mit welcher Brutalität und protziger Geschmacklosigkeit der neureiche Bankier aus Österreich den eleganten Palast am Canale Grande verunstaltete.[97]

In ihrem Wiener Palais am Hohen Markt führten Simon Georg und Iphigenie Sina ein großes Haus, in dem sich bei glanzvollen Soiréen, Bällen und Konzerten die bedeutendsten Persönlichkeiten aus Diplomatie, Politik, Finanz und Kunst versammelten. Für den Griechen-Ball, den Simon Georg Sina 1858 als königlich griechischer Gesandter veranstaltete, komponierte Johann Strauss Sohn sein opus 203, die Hellenen-Polka. Widmungsträgerin war die Tante des Gastgebers, Baronin Marie von Sina zu Hodos und Kizdia.[98] Im Jahr 1859 wur-

---

[95] Franz Jakob Kreuter (10.1.1813 Lohr – 10.11.1899 Wien).
[96] Theophil Hansen (13.7.1813 Kopenhagen – 17.2.1891 Wien).
[97] s. Csuk.
[98] s. FN 13.

de Theophil Hansen mit der Neugestaltung der Fassade des Palais Sina beauftragt. Dieses bildete zusammen mit dem daneben situierten Gebäude einen dominanten Häuserkomplex, der einerseits Wohn- und Repräsentationszwecken diente, andererseits Sitz des Bank- und Handelshauses, der Domänenverwaltung und auch Zinshaus war. Dem historistischen Zeitgeschmack entsprechend dekorierte Hansen die Beletage des Palais außen mit Karyatiden, innen wurden das Vestibül und die Repräsentationsräume mit Bildern des Malers Carl Rahl[99] ausgestattet.

1872 bis 1874 erfolgte schließlich auch der Umbau von Schloss Rappoltenkirchen, ebenfalls nach Plänen von Theophil Hansen. Für die Familie und die hochrangigen Gäste, die oftmals auch auf dem Lande beherbergt wurden, sollte mehr Platz und modernster Komfort geschaffen werden. Kernstück von Hansens Konzept war die Schließung des offenen Innenhofs durch ein Glasdach, wodurch ein großzügiges Stiegenhaus entstand, das sogar beheizt werden konnte. Somit war das Schloss nun auch während der kalten Jahreszeit bewohnbar. Ein auffälliger Turm wurde neu angelegt, welcher durch einen überdeckten Gang mit dem Hauptgebäude verbunden war. Das Schloss wurde außerdem um eine Etage aufgestockt und die Fassade im Stil der Hochrenaissance umgestaltet. Die Innenausstattung, wie Decken, Wandverkleidungen, Säulen und Pilaster, stammten ebenfalls von Theophil Hansen, das zentrale Deckengemälde schuf Johann Baptist Berdellé[100].

Simon Georg Sina war wirklicher Geheimer Rat, lebenslängliches Mitglied des Herrenhauses des österreichischen Reichsrates und Mitglied der Magnatentafel des ungarischen Reichstages. Er bekleidete eine Reihe von Ehrenämtern und wurde mit zahlreichen in- und ausländischen Orden ausgezeichnet. Wie auch sein Vater hatte er die Position des königlich griechischen General-Konsuls inne und war darüber hinaus außerordentlicher Gesandter und bevollmächtigter Minister an den Höfen zu Wien, München und Berlin. Als großer Förderer des jungen Königreichs Griechenland begeisterte er sich für die Idee, Athen wieder zu einer glanzvollen Metropole im Geiste der klassischen Antike zu machen. Ab den 1830er Jahren wurden viele namhafte Architekten und Künstler, oftmals Deutsche, nach Athen berufen, um dieses Vorhaben umzusetzen, Archäologen und Kunsthistoriker wurden beauftragt, die antiken Kunstdenkmäler zu erforschen und zu restaurieren. Simon Georg Sina spendete gigantische Summen, unter anderem für die Athener Universität, die Archäologische Gesellschaft, die Nationalbibliothek und vor allem für die nach Plänen Theophil Hansens im neoklassizistischen Stil errichtete und von Carl Rahl ausgeschmückte Akademie der

---

[99] Carl Rahl (13.8.1812 Wien – 9.7.1865 Wien).
[100] Johann Baptist Berdellé (15.5.1813 Mainz – 19.7.1876 München).

Wissenschaften. In deren Festsaal wurde der Stifter mit einer Marmorstatue verewigt.[101]

In ganz besonderem Maße kam Simon Georg Sinas Wohltätigkeit auch der griechisch-orthodoxen Gemeinde Wiens zugute. Heute noch gibt die Kirche zur Heiligen Dreifaltigkeit am Fleischmarkt[102] Zeugnis seiner überaus großzügigen Zuwendungen. Zwischen 1858 und 1861 wurde das Gebäude nach Plänen Theophil Hansens im neobyzantinischen Stil aufwendig umgestaltet,[103] wofür Sina die Alleinfinanzierung übernahm. Die Kupferplatten an der Außenfassade sowie die Deckenmalereien in der Kirche zeigen denn auch beziehungsvoll die Schutzheiligen der Stifterfamilie: Simon, Katharina, Georg (von Carl Rahl), Anastasia, Irene, Helena und Eugenia (von Ludwig Thiersch[104]). Eine Marmortafel in der Vorhalle neben dem Kircheneingang trägt folgende Inschrift: *„Diesen heiligen Tempel, der göttlichen Trias gewidmet, hat so reichlich Simon Freiherr von Sina geschmückt. [...] Darum o göttliche Trias! Beschütze Dein mächtiger Segen solcher Frömmigkeit Lohn, ihn und sein blühendes Haus."*

Niedergang

Dieser fromme Wunsch sollte sich ebenso wenig erfüllen wie der Wappenspruch der Familie: *„servare intaminatum"*[105]. Simon Georg Sina starb am 15. April 1876 an der „Bright'schen Krankheit"[106] und wurde wie seine Vorfahren in der Gruft von Rappoltenkirchen beigesetzt. Mit seinem Tod erlosch die Familie Sina im Mannesstamm. In der Folge wurden die Bank und das Handelshaus liquidiert. Das sagenumwobene, wohl auch für heutige Begriffe ungeheure Vermögen, das er hinterließ, zerrann den vier Töchtern, respektive den Schwiegersöhnen und Enkelkindern, förmlich zwischen den Fingern. Erbstreitigkeiten, glück- und sorgloses Wirtschaften, luxuriöse Lebensführung und später auch kriegsbedingte Verluste des ausgedehnten Immobilienbesitzes in den ehemaligen Kronländern trugen das ihre dazu bei. Die einstigen Zentren des familiären und gesellschaftlichen Lebens der Sina konnten von den nachfolgenden Generationen

---

[101] Modell von Leonidas Drossis (4.12.1834 Athen – 6.12.1882 Neapel), Ausführung durch Attilio Picarelli (1866 – 1945).
[102] Seit dem späten 18. Jahrhundert bestanden in Wien zwei griechisch-orthodoxe Kirchengemeinden: die St. Georgsbruderschaft mit Kirche am Hafnersteig für jene Griechen, die osmanische Untertanen geblieben waren, und die etwas später gegründete Dreifaltigkeitsbruderschaft mit Kirche am Fleischmarkt für die österreichischen Griechen. Nach alter orientalischer Übung übernahmen die Bruderschaften auch Aufgaben der Armenfürsorge, der Wohltätigkeit und des Unterrichts (s. Plöchl).
[103] Ursprünglich war die Kirche im Sinne des Toleranzpatents Josefs II. gebaut worden, durfte also äußerlich nicht als Kirche erkennbar sein und weder einen direkten Zugang von der Straße, noch einen Turm haben.
[104] Ludwig Thiersch (12.4.1825 München – 10.5.1909 München).
[105] Unversehrt bewahren.
[106] Nierenerkrankung

nicht mehr gehalten werden. Das vormals so imposante Palais Sina am Hohen Markt mussten die Wimpffen bereits zu Beginn der 1930er Jahre veräußern. Im April 1945 brannte es im Zuge von Kriegshandlungen aus, die Ruine wurde nach dem Krieg abgerissen. Schloss Rappoltenkirchen trug im Zweiten Weltkrieg erhebliche Schäden davon und wurde 1990 von Alexander Ypsilanti[107], einem Urenkel des letzten Sina, verkauft. Der einstige Glanz der Familie, die für mehrere Jahrzehnte zur Spitze der so genannten Zweiten Gesellschaft der Monarchie zählte, ist verblichen. Der Name Sina ist in Wien – zumindest außerhalb der griechischen Gemeinde – fast vollkommen in Vergessenheit geraten.

Quellen und Literatur (Auswahl):

Archiv Schloss Aichberg
Diözesanarchiv St. Pölten, Pfarrarchiv Rappoltenkirchen (Sterbematriken)
Heraldisch-Genealogische Gesellschaft „Adler", Wien (Partezettelsammlung)

Neue Freie Presse
Wiener Salonblatt

Siglinde Csuk, Schloss Rappoltenkirchen in Niederösterreich, Wien 2002
András Deák, Amelie Lanier, Die Verbindung von Stephan Széchényi und Georg Sina und das Unternehmen Kettenbrücke, Frankfurt am Main 2002
Karl-Markus Gauß, Die sterbenden Europäer, Wien 2001
Cajetan Gril, Familie Wimpffen in Eichberg, in: Eichberg aktuell Nr. 1/2006
Dieter Klein, Martin Kupf, Robert Schediwy, Stadtbildverluste Wien, Wien 2004
Georgios Laios, Simon Sina, Athen 1972
Amelie Lanier, Die Geschichte des Bank- und Handelshauses Sina, Frankfurt am Main 1998
Herbert Matis, Die Schwarzenberg-Bank. Kapitalbildung und Industriefinanzierung in den habsburgischen Erblanden 1787-1830, Wien 2005
Max Demeter Peyfuss, Die Druckerei von Moschopolis 1731-1769, Wien-Köln 1989
Willibald M. Plöchl, Die Wiener othodoxen Griechen, Wien 1983
Erich Rabl, Rappoltenkirchen. 100 Jahre Freiwillige Feuerwehr Rappoltenkirchen 1883-1983, Rappoltenkirchen 1983
Mihail-Dimitri Sturdza, Dictionnaire historique et généalogique des grandes familles de Grèce, d'Albanie et de Constantinople, Paris 1983
Constant von Wurzbach, Biographisches Lexikon des Kaiserthums Österreich, Wien 1877

---

[107] Alexander Ypsilanti (1907 Rappoltenkirchen – 1994 Wien).

Georg Gaugusch
Genealogie der Familie Stauffer

Franz **Stauffer**, Maurermeister in Groß-Weikersdorf, geb. 19. August 1774 Ziersdorf No. 25 (Taufe ... röm.-kath. Pfarre Gettsdorf, Niederösterreich), gest. 25. Jänner 1840 Groß-Weikersdorf No. 10, ... (röm.-kath.; begr. ...), verh. **(1)** 29. Juni 1802 Ziersdorf (röm.-kath. Pfarre Gettsdorf) mit Maria Anna **Wimmer**, geb. 25. März 1777 Ziersdorf No. 41 (Taufe ... röm.-kath. Pfarre Gettsdorf), gest. 27. Juni 1813 Groß-Weikersdorf ... (röm.-kath.; begr. ...), Tochter des Josef **Wimmer** und der Theresia **Bittermann**; verh. **(2)** 25. Oktober 1814 Groß-Weikersdorf (röm.-kath. Pfarre ...) mit Barbara **Scheibl**, geb. 26./28. Mai 1787 Ziersdorf No. 64 (Taufe ... röm.-kath. Pfarre Gettsdorf), gest. 11. Februar 1880 Groß-Weikersdorf ... (begr. ...), Tochter des am 2. August 1837 zu ... verst. Kleinhäuslers und Weinhauers in Ziersdorf Josef **Scheibl** und der am 12. April 1835 zu ... verst. Barbara **Rigler**. Zehn überlebende Kinder, fünf aus der ersten und zehn (davon fünf überlebende) aus der zweiten Ehe, unter diesen:

A. Josef **Stauffer**[108], Bau-Ingenieur und Baron Sina'scher Architekt in Wien, geb. 19. März 1817 Groß Weikersdorf No. 85 (Taufe ...), gest. 13. Oktober 1894 Wien XVIII., Pötzleinsdorfer Hauptstraße 28 (Wohnort: III., Ungargasse 9), Gehirnerweichung (röm.-kath.; begr. 15. Oktober 1894 Pötzleinsdorfer Friedhof D-23, Familiengruft), verh. 26. Oktober 1847 Paulitz bei Jaispitz (röm.-kath. Pfarre ...; Mähren) mit Caroline **Willner**, geb. 22. Jänner 1826 Gröschlmauth bei Paulitz (Taufe ... röm.-kath. Pfarre ...), gest. 27. März 1895 Wien III., Ungargasse 9, Lungenentzündung (röm.-kath.; begr. 29. März 1895 Pötzleinsdorfer Friedhof D-23, Familiengruft) Tochter des am 9. Mai 1874 zu Wien III., Landstraße Hauptstraße 24 im Alter von 92 Jahren verst. k.k. Straßenkommissärs Philipp **Willner** und der Karoline Franziska **Alzinger**. Sechs Kinder, von denen vier überlebten:
1. Franziska Xav. Philippine **Stauffer**, geb. 15. September 1848 Wien ... (Taufe ... röm.-kath. Pfarre Wieden), gest. 26. März 1923 Wien III., Ungargasse 9, Brustdrüsenentartung (röm.-kath., begr. 29. März 1923 Pötzleinsdorfer Friedhof D-23, Familiengruft), verh. 13. August 1868 Pötzleinsdorf bei Wien[109] (röm.-kath. Pfarre Pötzleinsdorf) mit Friedrich **Beck**, Buchhändler in Wien, geb. 3. April 1841 Wien, Stadt ... (Taufe ... röm.-kath. Pfarre Am Hof), gest. 16. Mai 1926 Wien III., Ungargasse 9, Lungenentzündung (röm.-kath.; begr. 19. Mai 1926 Pötzleinsdorfer Friedhof D-23, Familiengruft), Sohn des am 18. Februar 1860 zu Wien I., Bischoffgasse 638 im 57. Lebensjahre verst. Universitätsbuchhändlers und Gemeinderats der Stadt Wien Friedrich **Beck** und der am 25. April 1860 ebenda im 53. Lebensjahre verst. Antonia **Winterhalder**. Zwei Söhne:
    a. Dipl.-Ing. Friedrich **Beck**, Oberbaurat in Wien, geb. 8. Juli 1869 Wien ... (Taufe ... röm.-kath. Pfarre ...), gest. 19. Dezember 1947 Wien XVIII., Ludwiggasse 5, Leuchtgasunfall, Herzschlag (röm.-kath.; begr. 27. Dezember 1947 Pötzleinsdorfer Friedhof D-23, Familiengruft), verh. **(1)** ... (...) mit Elsa **Mahl-Schedl von Al-**

---

[108] Zu Josef **Stauffer** und seinen Ahnen vgl. H. Schöny: *Wiener Künstlerahnen* 2 (1975) p.266-271, weiters Eisenberg: *Das geistige Wien* 1891 p.346 (dort auch zu seinem Sohn Victor **Stauffer**), Thieme/Becker: *Allg. Lexikon der bildenden Künstler* 31 (1937) p.497.

[109] Beistände: Dr. Anton **Willner**, Hof- und Gerichts-Advokat, Landtagsabgeordneter für Niederösterreich, in Wien, Wollzeile 13, kath. und Alfred **Hölder**, k.k. Universitäts-Buchhändler, Stadt, Rothenthurmstraße 15, evangelisch.

penburg[110], geb. 27. Mai 1886 Pest ... (Taufe ... Evang. Pfarre AB ...), gest. ..., Tochter des k.k. Hauptmanns Hugo Ritter **Mahl-Schedl von Alpenburg** und der Katharina **Cerf**[111]; verh. (2) ... (...) mit Margarethe **Fiedler**, geb. 6. November 1894 ... (Taufe ...), gest. 25. Oktober 1979 ... (begr. 6. November 1979 Pötzleinsdorfer Friedhof D-23, Familiengruft), Tochter des ... und der ... [Nachkommen aus beiden Ehen].
  b. Othmar **Beck**, Landesgerichtsrat in Wien, geb. ... 1870 Wien ... (Taufe ... röm.-kath. Pfarre ...), gest. 6. August 1944 Wien XVIII., Ludwiggasse 5, ... (röm.-kath.; begr. 11. August 1944 Pötzleinsdorfer Friedhof D-23, Familiengruft), verh. ... (...) mit Maria **Schiftner**, geb. ..., gest. ..., Tochter des ... und der ... [Nachkommen].
2. Victor Joseph **Stauffer**, geb. 28. September 1850 Wien ... (Taufe ...), gest. 11. Mai 1852 Wien ... (begr. ... Friedhof St. Marx ...).
3. Victor Emanuel Josef **Stauffer**[112], Professor, akademischer Maler in Wien, geb. 20. November 1852 Wien, Landstraße 499 (Taufe 23. November 1852 röm.-kath. Pfarre St. Rochus), gest. 24. Juli 1934 Wien III., Rasumofskygasse 27, ... (röm.-kath.; begr. 27. Juli 1934 Pötzleinsdorfer Friedhof D-23, Familiengruft), verh. 26. Juni 1882 Inzersdorf bei Wien (röm.-kath. Pfarre Inzersdorf) mit Maria Anna (Marianne) **Straschiripka**[113], geb. 14. September 1838 Währing bei Wien No. 142 (Taufe ... röm.-kath. Pfarre Währing), gest. 5. April 1936 Wien III., Rasumofskygasse 27, ... (röm.-kath.; begr. 9. April 1936 Pötzleinsdorfer Friedhof D-23, Familiengruft), Tochter des Johann Bapt. **Straschiripka** und der Sofie Anna Barbara Apollonia **Purschka**, kinderlos.
4. Othmar Franz Philipp **Stauffer**, geb. 12. März 1854 Wien ... (Taufe ...), gest. 4. August 1856 Paulitz bei Jaispitz, ... (röm.-kath., begr. ... Paulitz, Orts-friedhof).
5. Irene Maria Karoline **Stauffer**, geb. 5. Februar 1857 Wien ... (Taufe ... röm.-kath. Pfarre St. Rochus), gest. 30. Juni 1930 Wien XVIII., Pötzleinsdorfer-straße 26, Gehirnschlag (röm.-kath.; begr. 3. Juli 1930 Pötzleinsdorfer Friedhof D-23, Familiengruft), verh. 2. März 1889 Wien (röm.-kath. Pfarre St. Elisabeth im Deutschen Haus) mit Johann Chrysostomus Richard (Hans) **Kränzl**, Direktor-Stellvertreter des *Wiener Bankvereins* in Wien, geb. 25. Jänner 1850 Müglitz (Mähren; Taufe ... röm.-kath. Pfarre ...), gest. 11. Mai 1934 Wien XVIII., Pötzleinsdorferstraße 26, ... (röm.-kath.; begr. 15. Mai 1934 Pötzleinsdorfer Friedhof D-23, Familiengruft), Sohn des Schullehrers Johann **Kränzl** und der Thekla **Balatka**. Zwei Kinder:
  a. Margarethe Karoline Thekla **Kränzl**, geb. 2. Juni 1890 Pötzleinsdorf bei Wien, Hauptstraße 28 (Taufe 15. Juni 1890 röm.-kath. Pfarre Pötzleinsdorf), gest. 11. Jänner 1942 Wien XIX., Nervenheilanstalt (Wohnort: XVIII., Pötzleinsdorferstraße 26), Gehirnhautentzündung (röm.-kath.; begr. 19. Jänner 1942 Pötzleinsdorfer Friedhof D-23, Familiengruft), ledig.

---

[110] Vgl. Brünner Geneal. Taschenbuch 15 (1890) p.273-274. Zur Familiengeschichte vgl. den Artikel **Mahl-Schedl von Alpenburg** in: R. Granichstädten-Czerva: *Beiträge zur Familiengeschichte Tirols* (Schlern-Schriften 131, Innsbruck 1954) p.98-101.
[111] Tochter des Theatereigentümers Rudolf **Cerf** und der Klara **Willing**.
[112] Vgl. Thieme/Becker: *Allg. Lexikon der bildenden Künstler* 31 (1937) p.497-498, Planer: *Jahrbuch der Wiener Gesellschaft* 1929 p.594.
[113] Zur Schwester Hans **Canons** und ihren Eltern vgl. H. Schöny: *Wiener Künstlerahnen* 2 (1975) p.173-177.

b. Johann Chrysostomus (Hans) **Kränzl**, Industrieller, geb. ..., gest. ..., verh. ... (...) mit Milka ..., geb. ..., gest. ..., Tochter des ... und der ... [Nachkommen].

6. Dr. jur. Oskar Karl Philipp **Stauffer**[114], Direktor der Gräflich Wilczek'schen Zentraldirektion in Wien, geb. 4. August 1862 Wien ... (Taufe ... röm.-kath. Pfarre ...), gest. 25. Juli 1927 Baden bei Wien (Wohnort: Wien I., Kärntnerring 17), Lebererkrankung (röm.-kath., begr. 28. Juli 1927 Döblinger Friedhof D-23), verh. ... (...) mit Maria **Steckerl** (**Stekl**), geb. 2. März 1882 Mödling bei Wien ... (Taufe ... röm.-kath. Pfarre ...), gest. 3. Juni 1950 Wien VI., Liniengasse 19 (Wohnort: IV., Goldeggasse 26/8), ... (röm.-kath., begr. 7. Juni 1950 Friedhof Ober St. Veit L/4/9), Tochter des ... und der ..., kinderlos.

Quellen:

Heraldisch Genealogische Gesellschaft Adler – Partezettelsammlung: Friedrich **Beck** (1926), Othmar **Beck** (1944), Hans **Kränzl** (1934), Irene **Kränzl** geb. **Stauffer** (1930), Caroline **Stauffer** geb. **Willner** (1895), Josef **Stauffer** (1894), Marianne **Stauffer** (1936), Dr. Oskar **Stauffer** (1927), Prof. Victor **Stauffer** (1934).
Sammlungen Schillinger und Schrottmüller; Partezettelsammlung und Bibliothek.

Wiener Stadt- und Landesarchiv: Verlassenschaftsakten: Maria **Stauffer** geb. **Steckerl** (BG Innere Stadt 5A 384/1950), Dr. Oskar **Stauffer** (BG Innere Stadt 3A 117/1927); Totenbeschauprotokoll.

Röm.-kath. Pfarre Pötzleinsdorf: Geburts-, Heirats- und Sterbematriken.

---

[114] Vgl. H. Wilczek: *Hans Wilczek erzählt seinen Enkeln Erinnerungen aus seinem Leben* (1933) p.394 und p.474, A. Schnitzler: *Tagebuch* vom 9. Juni 1901.

Namensregister
(Die Namen im Stammbaum wurden nicht einzeln erfasst.)

Aigner Josef	53, 107, 114
Altmütter Georg	24
Auersperg Maximilian Graf	52
Bach Alexander Frh. von	44, 47, 50
Baillet von Latour Theodor Graf	50ff, 54
Beck Friedrich (Enkel)	110, 115
Beck Friedrich (Schwiegersohn)	81
Beck Othmar (Enkel)	110, 112, 115
Benedek Ludwig von	87f
Berdellé Johann Baptist	75, 126
Berger Johann Nepomuk	87f
Beust Ferdinand Baron (Graf)	89
Brestel Rudolf	88
Breuner-Enckevoirth August Ferdinand Graf	44
Burg Adam Frh. von	27
Canon Hans	107f, 115
Castries Edmond Duc de	101, 124
d'Harcourt Emanuel Vicomte	124
d'Harcourt Iphigenie Vicomtesse, verw. Duchesse de Castries	62, 99, 102f, 105, 123f
Doblhoff Frh.	30, 34, 64f
Doblhoff-Dier Anton Frh. von	49
Dratschmied von Mährentheim Friedrich	54
Drossis Leonidas	75, 127
Eisenmenger August	74
Engerth Wilhelm Frh. von	27
Ficquelmont Karl Ludwig Graf	45
Fiedler Professor	24
Fischhof Adolf	42, 47, 49, 53
Gall Johann	18
Giskra Karl	87f
Goldmark Josef	42, 47, 54
Göschl	82ff
Griepenkerl Christian	74, 107
Hainz von Korbest Franziska	22ff, 31, 33, 39
Hainz von Korbest Jakob	19, 21f
Hansen Theophil	73ff, 91, 122, 125ff
Hasner von Artha Leopold	88
Herbst Eduard	87
Hohenlohe-Schillingsfürst Chariklée Pinzessin zu	124
Hoyos-Sprinzenstein Johann Ernst Graf	45f
Jellinek Kanzleidirektor bei Sina	63ff, 82, 84ff
Kornhäusel Josef Georg	61
Kottner Sebastian	113
Kränzl Hans	110
Kreuter Franz Jakob	73f, 125
Kryspin Kanzlist	57, 62ff, 72f, 84ff, 100

133

Kudlich Hans 54
Kuranda Ignaz..87
Lößl Franz Xaver 32f
Maurocordato Georg Fürst...124
Maurocordato Irene Fürstin 62, 99, 102, 105, 124
Mautner von Markhof Maria, verh. Willner...36, 69
Meißner Professor..25
Neumann Professor..25
Nobile Peter von 34
Oppolzer Theodor von 115
Pappenheim Iphigenie Gräfin zu 124
Pargfrider Josef Gottfried Ritter von 17
Pillersdorf Franz Frh. von..44
Preyss Jurist 80, 82, 84ff, 97ff
Rahl Carl 73f, 107, 126
Rössler Johann 27ff
Salomon Professor...25
Schulz von Straßnitzky Leopold Karl 24f, 31, 43
Sicard von Sicardsburg August..34
Sina Georg 117f
Sina Georg Simon Frh. von 23, 30ff, 38, 41, 45, 50, 54f, 57ff, 80, 104, 119ff
Sina Iphigenie Freifrau von 102, 104f, 125
Sina Johann Simon Frh. von 119, 122
Sina Katharina von...119
Sina Marie Freifrau von...125
Sina Simon Georg 106, 118f
Sina Simon Georg Frh. von41, 61, 65, 68, 70, 72, 74, 84, 87, 90ff, 96ff, 101, 104f, 122f, 125ff
Smolka Franz 51
Stadion Franz 44
Stampfer Simon 27f
Stauffer Caroline (Lotte) geb. Willner...............35, 37ff, 42f, 48, 50, 52, 54, 59f, 67f, 76, 81f
Stauffer Barbara geb. Scheibl (Mutter, 2. Frau des Vaters)...13
Stauffer Maria Anna geb. Wimmer (1. Frau des Vaters)...13
Stauffer Anna (Tante) 13
Stauffer Ferdinand (Bruder)..13f, 17, 25, 29, 35, 37, 40, 55, 70f
Stauffer Ferdinand (Onkel)...13
Stauffer Franz (Großvater)...13, 114
Stauffer Franz (Vater)...13
Stauffer Franziska (Fanny), verh. Beck 50, 59, 67, 76f, 80f, 89, 101
Stauffer Irene, verh. Kränzl 69, 76, 90, 100f, 110f
Stauffer Mathias (Urgroßvater)...13
Stauffer Oskar 81, 96, 109f
Stauffer Othmar 60, 67f
Stauffer Viktor Emmanuel...60, 67, 76, 95, 101, 106ff, 112, 114f
Stauffer Viktor Joseph 60
Stenitzer 25
Storch Ernst..70
Strašiřipka Max...115
Swedenborg Emanuel von 26

Széchényi Stephan Graf 121, 128
Thiersch Ludwig 127
Ungar Jurist 47
Van der Nüll Eduard 34
Willner Anton 36, 42f, 45, 47f, 52ff, 60, 81, 99f, 103, 113
Willner Franz 54, 113
Willner Philipp 96, 112
Willner Rudolf 29f, 36, 50, 55
Wimpffen Anastasia Gräfin von 62, 73, 98f, 102f, 105, 123
Wimpffen Siegfried Graf von 123
Wimpffen Simon Graf von 123
Wimpffen Victor Ägidius Graf von 73, 84, 123
Windisch-Graetz Alfred (I.) Fürst zu 44
Ypsilanti Alexander 124
Ypsilanti Alexander (Sinas Urenkel) 128
Ypsilanti Emanuel Fürst 124
Ypsilanti Gregor Fürst 101f, 114, 124
Ypsilanti Helene Fürstin 62, 90, 99, 102f, 105, 124
Ypsilanti Theodor Prinz 124
Zichy Hedwig Gräfin 123

Günther Berger

Meidling
Beiträge zur Kulturgeschichte des 12. Wiener Gemeindebezirks

Frankfurt am Main, Berlin, Bern, Bruxelles, New York, Oxford, Wien, 2005.
277 S., 15 Abb.
ISBN 978-3-631-35000-3 · br. € 51.50*

Die Wahl Kaiserin Maria Theresias von Schloß Schönbrunn als Sommerresidenz brachte Meidling wie Hietzing Aufschwung durch Ansiedlung der Hocharistokratie. Wiederentdeckte Schwefelquellen machten Meidling Ende des 18./Anfang des 19. Jahrhunderts zum beliebten Bade- und Sommerfrischeort. Erst die Wien-Gloggnitzer-Bahn brachte 1841 eine Fernverbindung in die Idylle. Die wasserabhängige Industrie nutzte den Wienfluß, dessen häufige Überschwemmungen zur besonders frühen Verehrung des hl. Johannes von Nepomuk geführt hatten. Einige der in dieser Publikation ausführlich behandelten unikalen Kulturgüter des 1890 zusammengeschlossenen vielfältigen 12. Wiener Gemeindebezirks, wie Haydns Grabstein, Otto Wagners eindrucksvollste Stadtbahnbrücke und die Springer-Villa, überstanden selbst die US-Bombardierung. Teilweise unveröffentlichte Familienarchive ermöglichten biographische Darstellungen bedeutsamer Meidlinger. Durch erhalten gebliebene originale Baupläne und Konsense konnte erstmals eine Chronologie der bezirksspezifischen Malfattigasse erstellt werden.

Aus dem Inhalt: Hl. Johannes von Nepomuk · Kaiserin Maria Theresia und Meidling · Joseph Selleny · Anton Hlavacek · Stalin in Meidling · Karl Jenschke · Wilhelm Traeger · Christine Busta · Vinzenz Szloboda · Joseph Haydns unruhiger Ruheort am Hundsthurmer Friedhof · Theater im Theresienbad · Villa XAIPE · Arbeiterwohnhäuser der Südbahngesellschaft · Springer-Villa · Malfattigasse · Otto Wagners Brücke über die Wienzeile · Das erste Chinarestaurant Wiens · Städtische Büchereien in Meidling

Frankfurt am Main · Berlin · Bern · Bruxelles · New York · Oxford · Wien
Auslieferung: Verlag Peter Lang AG
Moosstr. 1, CH-2542 Pieterlen
Telefax 0041(0)32/3761727

*inklusive der in Deutschland gültigen Mehrwertsteuer
Preisänderungen vorbehalten
Homepage http://www.peterlang.de

www.ingramcontent.com/pod-product-compliance
Ingram Content Group UK Ltd.
Pitfield, Milton Keynes, MK11 3LW, UK
UKHW021830140426
5217IPUK00021B/1362